普通高等教育机电类系列教材

机械制造工艺学课程设计指导书

第3版

主编　赵家齐　邵东向
参编　王　杰　王娜君
主审　王先逵

机 械 工 业 出 版 社

本书是为了指导普通高等教育工科院校机械制造及其自动化专业学生做好“机械制造技术基础课程设计”（机械制造工艺学课程设计）而编写的。书中介绍了课程设计的要求、内容、方法、步骤、进度及考核等相关项目。

本书附有课程设计实例，对设计任务书、设计说明书、工艺过程综合卡片及图样规范做了详细的说明，提供了全部设计图样，供学生参考。

书中收集了符合设计要求的CA6140卧式车床、CA10B解放牌汽车以及其他产品零件图样共21张，可以作为学生的设计题目，也可供教师布置作业时参考。

本书还汇编了一些常用工艺规程及工装夹具的设计资料，可供学生设计时使用。

图书在版编目（CIP）数据

机械制造工艺学课程设计指导书/赵家齐，邵东向主编. —3版. —北京：机械工业出版社，2016.5（2024.7重印）
普通高等教育机电类系列教材
ISBN 978-7-111-53537-9

Ⅰ.①机… Ⅱ.①赵… ②邵… Ⅲ.①机械制造工艺-课程设计-高等学校-教学参考资料 Ⅳ.①TH16

中国版本图书馆CIP数据核字（2016）第077763号

机械工业出版社（北京市百万庄大街22号 邮政编码100037）
策划编辑：刘小慧 责任编辑：刘小慧 王勇哲 程足芬 余 皡
责任校对：潘 蕊 封面设计：张 静
责任印制：任维东
北京新华印刷有限公司印刷
2024年7月第3版第18次印刷
210mm×285mm · 5.75印张 · 170千字
标准书号：ISBN 978-7-111-53537-9
定价：18.00元

电话服务 网络服务
客服电话：010-88361066 机 工 官 网：www.cmpbook.com
010-88379833 机 工 官 博：weibo.com/cmp1952
010-68326294 金 书 网：www.golden-book.com
 机工教育服务网：www.cmpedu.com

第 3 版前言

本书第 1 版编写于 1987 年，2000 年进行了修订再版，到目前为止，全国仍有很多普通高等院校采用本书作为机械制造及自动化专业本科生的课程设计指导书，而且很多院校机械专业的毕业生也用本书作为毕业设计的参考书。由于目前机械制造工艺学的相关教学内容大都已经合并到机械制造技术基础课程中，加上目前国家标准也进行了多次修订，机床设备不断更新，工艺手段不断丰富，所以有必要对本书再次进行修订。

本次修订主要是更新了本书引用的国家标准；针对目前机械专业学生人数多、题目少的突出问题扩充了题目库；针对设计过程中设计手册数量难以满足要求的问题，在原有设计资料的基础上增加了大量常用设计资料。

本书由赵家齐、邵东向任主编，参加编写的人员有王娜君、王杰。王先逵老师仔细审阅了全书，并提出许多宝贵的建议，在此表示衷心感谢。

由于编者水平有限，错误和不足之处在所难免，恳请广大读者批评指正。

编　者

第2版前言

本书第1版自1987年问世以来，至今已有8年，全国不少大专院校都曾用本书指导学生进行机械制造工艺学课程设计。在此期间，本书共重印8次，总印数已逾10万册。由于原纸型已多处损坏，故借此机会决定修订再版。

这次修订主要是改写了指导书中的课程设计实例，其中的各种计算主要依据了机械工业出版社新出版的《机械制造工艺设计简明手册》（李益民主编）和《切削用量简明手册》（艾兴、肖诗纲编）。为了避免学生因参考资料不足而影响设计进度，本书的附录中收集了一些常用的设计资料。为了减少篇幅、降低书价，将第1版实例中的工序卡片改成现在的工艺过程综合卡片。最后，根据原书在使用中的一些反映，更换了原“机械制造工艺学课程设计题目选编”中的大部分内容，力求使各题目更加符合课程设计的选题要求。

由于时间仓促以及编者水平所限，错误和不足之处在所难免，恳请读者批评指正。

编　者

第 1 版前言

为了指导学生做好“机械制造工艺学课程设计”，使同学能正确掌握设计的要求、内容、方法、步骤和进度，我们编写了这本《机械制造工艺学课程设计指导书》，供工科高等院校、业余工科高等院校机械制造工艺及设备专业的学生使用。

为了便于学生做好课程设计，在本书后附有课程设计实例。实例中收录了学生实际完成的设计作业，包括设计说明书、工艺卡片及全部设计图样，供同学们参考。同时希望同学们不要拘泥于实例中的一些形式及内容，而应当在老师的指导下，结合自己的题目，做出有自己特色的设计。

本书还收集了基本上符合机械制造工艺学课程设计要求的 CA6140 型车床零件图样 16 张，供教师在给学生确定题目时选用或参考。

本书于 1983 年 10 月在南京召开的机械制造（冷加工）类专业教材编审委员会工艺教材编审组会上被审定为全国机械制造工艺及设备专业辅助教材。

本书由哈尔滨工业大学赵家齐编写，华中工学院段守道审阅。

对本书中不足之处，恳请读者批评指正。

编　者

目　录

第1章　机械制造工艺学课程设计指导

1.1　设计的目的

机械制造工艺学课程设计是在学完“机械制造工艺学”或“机械制造技术基础”和“机械制造装备设计”课程，进行了生产实习后的下一个教学环节。它一方面要求学生通过设计获得综合运用过去所学的相关知识进行工艺及结构设计的基本能力，另一方面，也为以后做好毕业设计进行一次综合训练和准备。学生通过机械制造工艺学课程设计，应在下述几个方面得到锻炼：

1）能熟练运用机械制造工艺学课程中的基本理论以及在生产实习中学到的实践知识，正确地解决一个零件在加工中的定位、夹紧以及工艺路线安排、工序尺寸确定等问题，保证零件的加工质量。

2）提高结构设计能力。学生通过设计夹具（或量具）的训练，应当获得根据被加工零件的加工要求，设计出高效、省力、经济合理且能保证加工质量的夹具的能力。

3）学会使用手册、图表以及厂家产品样本等资料。掌握与本设计有关的各种资料的名称、出处，能够做到熟练运用。

1.2　设计的要求

课程设计题目一般定为：××零件的机械加工工艺规程及工艺装备设计[㊀]。

生产纲领为中批量或大批量。

设计要求如下：

零件图	1张
毛坯图	1张
机械加工工艺过程综合卡片	1张
工艺装备设计	1~2套
工艺装备主要零件图	1张
课程设计说明书	1份

课程设计题目由指导教师选定，任务书经教学主任审查签字后发给学生。

按教学计划规定，机械制造工艺学课程设计总学时一般为4周（但不能少于3周），其进度及时间大致分配如下：

熟悉零件，画零件图	约占8%
选择加工方案，确定工艺路线和工序尺寸，填写工艺过程综合卡片	约占25%
工艺装备设计（画总装图及主要零件图）	约占45%
撰写设计说明书	约占14%
准备及答辩	约占8%

1.3　设计的内容及步骤

1. 对零件进行工艺分析，画零件图

学生在得到设计题目之后，应首先对零件进行工艺分析。其主要内容包括：

㊀ 工艺装备设计在本书中可以是专用夹具或者专用量具设计。

1）分析零件的作用及零件图上的技术要求。

2）分析零件主要加工表面尺寸、形状及位置精度、表面粗糙度以及设计基准等。

3）分析零件的材质、热处理及机械加工的工艺性。

零件图应按机械制图国家标准仔细绘制。除特殊情况经指导教师同意外，均按1:1比例画出。零件图标题栏采用国家标准规定的标题栏，如图1-1所示。

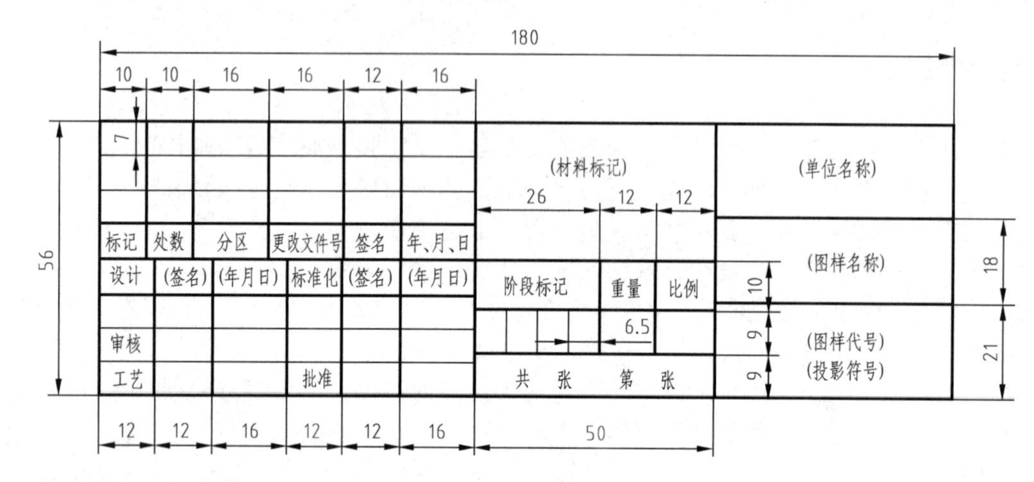

图1-1 零件图标题栏格式

2. 选择毛坯的制造方式

毛坯的选择应该从生产批量的大小、零件的复杂程度、加工表面及非加工表面的技术要求等几方面综合考虑。正确地选择毛坯的制造方式，可以使整个工艺过程更加经济合理，故应慎重对待。在通常情况下，主要应以生产性质来决定。

3. 制订零件的机械加工工艺路线

（1）制订工艺路线　在对零件进行分析的基础上，制订零件的工艺路线并划分粗、精加工阶段。对于比较复杂的零件，可以先考虑几个加工方案，分析比较后，再从中选择比较合理的加工方案。

（2）选择定位基准，进行必要的工序尺寸计算　根据粗、精基准选择原则合理选定各工序的定位基准。当某工序的定位基准与设计基准不相符时，需对它的工序尺寸进行换算。

（3）选择机床及工、夹、量、刃具　机床设备的选用既要保证加工质量，又要经济合理。在成批生产条件下，一般应采用通用机床和专用工、夹具。

（4）加工余量及工序间尺寸与公差的确定　根据工艺路线的安排，要求逐工序逐表面地确定加工余量。其工序间尺寸公差，按经济精度确定。一个表面的总加工余量，则为该表面各工序间加工余量之和。

在本设计中，各加工表面的余量及公差，可根据指导教师的意见，直接从相关手册中查得。

（5）切削用量的确定　在机床、刀具、加工余量等已确定的基础上，要求学生用公式计算1~2道工序的切削用量，其余各工序的切削用量可由切削用量手册中查得。

（6）画毛坯图　在加工余量已确定的基础上画毛坯图，要求毛坯轮廓用粗实线绘制，零件的实体尺寸用细双点画线绘出，比例取1:1。同时应在图上标出毛坯的尺寸、公差、技术要求、毛坯制造的分型面、圆角半径和起模斜度等。

（7）填写“机械加工工艺过程综合卡片”　将前述各项内容以及各工序加工简图，一并填入“机械加工工艺过程综合卡片”，卡片的尺寸规格如图1-2所示。

1）工序简图可按比例缩小，并尽可能用较少的投影绘出。简图中的加工表面用粗实线表示。对定位、夹紧表面应以规定符号标明。最后，应标明各加工表面在本工序加工后的尺寸（工序尺寸）、公差及表面粗糙度。

2）工序简图中的定位、夹紧符号应符合JB/T 5061—2006的规定，摘要见表1-1及表1-2。定位、夹紧符号标注示例见表1-3、表1-4。

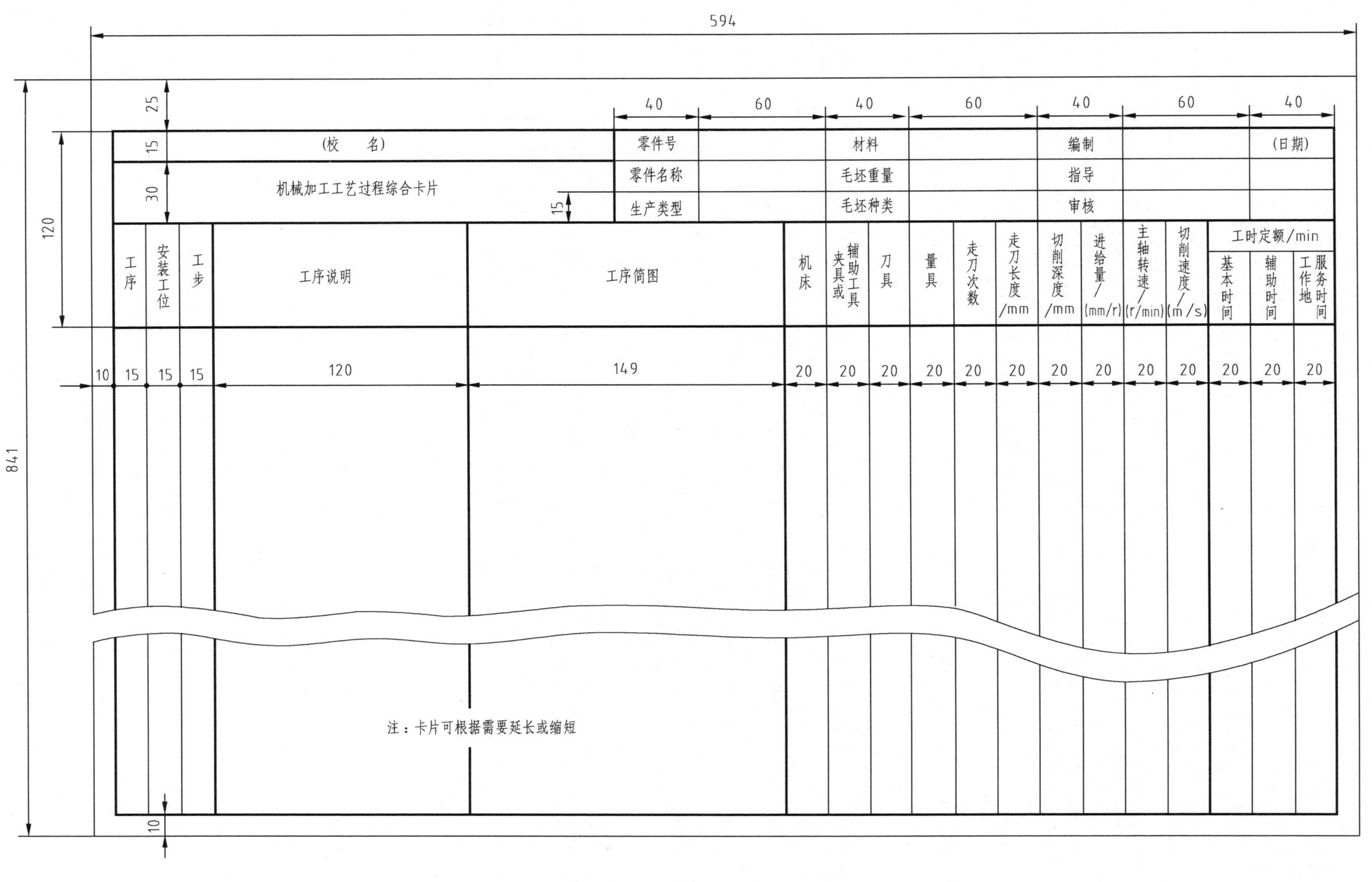

图 1-2 机械加工工艺过程综合卡片的尺寸规格

表 1-1 定位及夹紧符号

分类		标注位置：独立		标注位置：联合	
		标注在视图轮廓线上	标注在视图正面	标注在视图轮廓线上	标注在视图正面
主要定位点	固定式	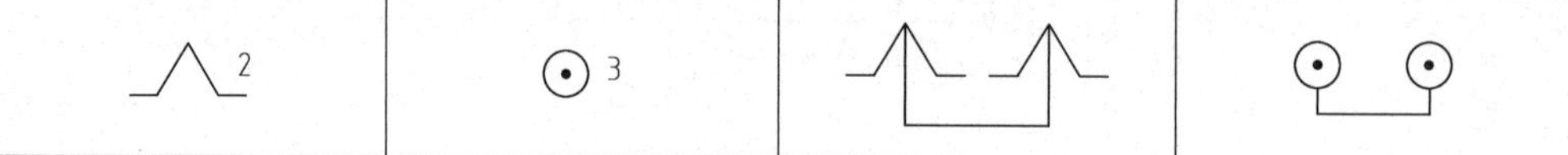 2	3		
	活动式	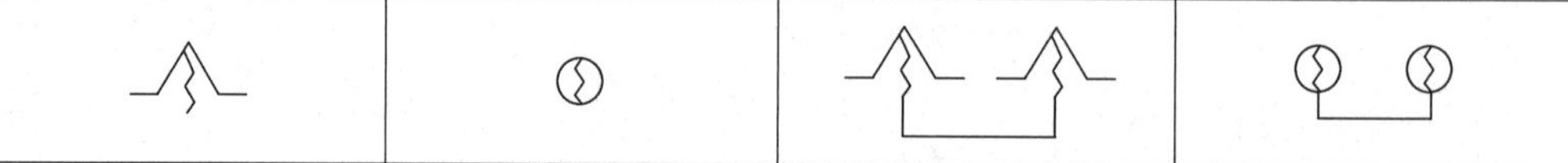			
辅助定位点		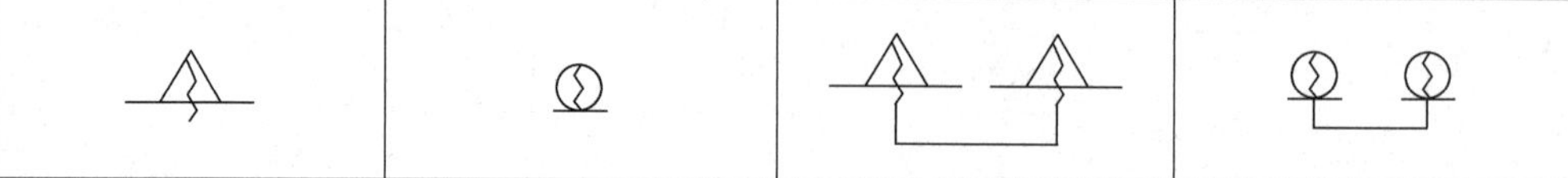			
手动夹紧		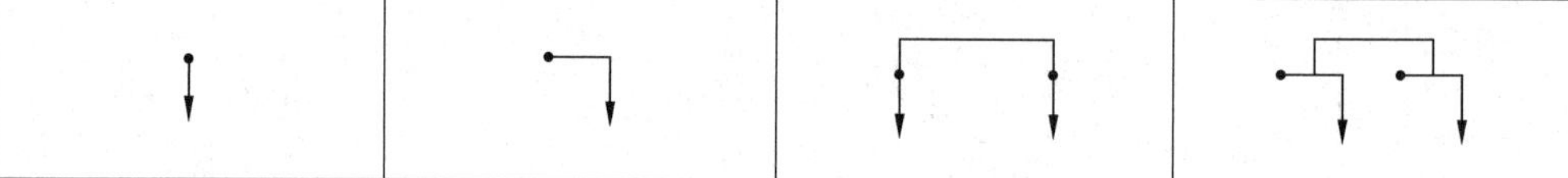			
液压夹紧		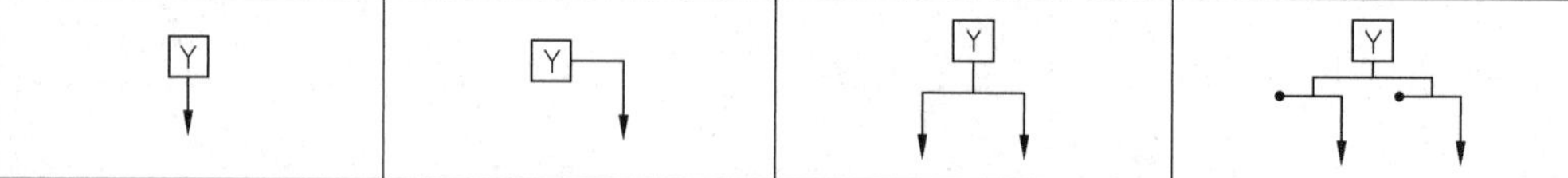 Y	Y	Y	Y
气动夹紧		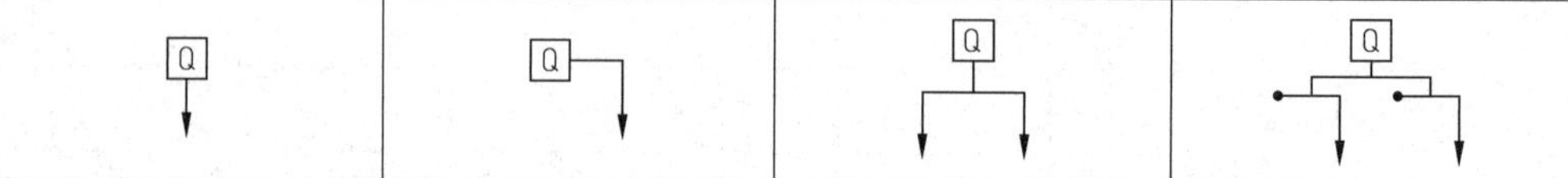 Q	Q	Q	Q
电磁夹紧		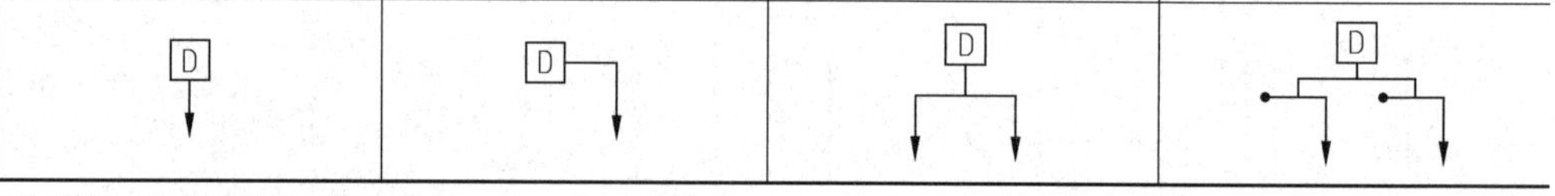 D	D	D	D

注：定位符号旁边的阿拉伯数字，代表消除的不定度数目。

表 1-2 各种定位、夹紧元件及装置符号

序号	符号	名称	定位、夹紧元件的装置简图	序号	符号	名称	定位、夹紧元件的装置简图
1	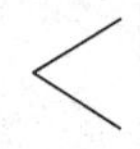	固定顶尖	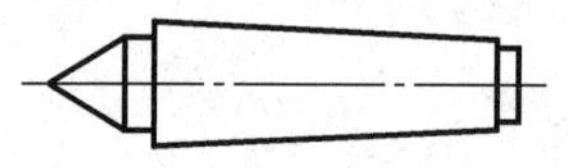	6	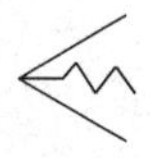	浮动顶尖	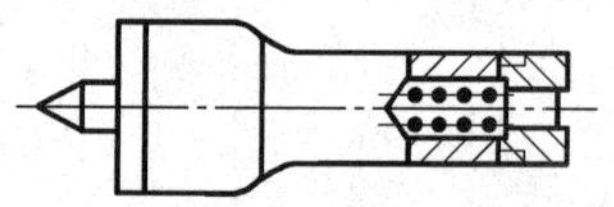
2	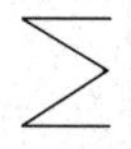	内顶尖	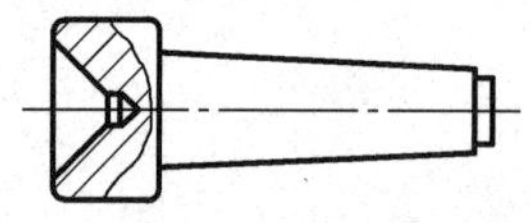	7	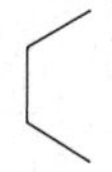	伞形顶尖	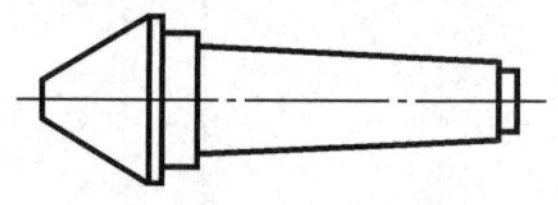
3	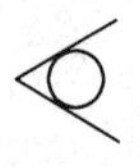	回转顶尖	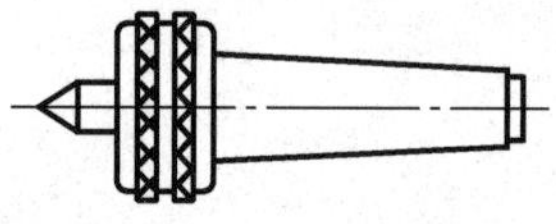	8	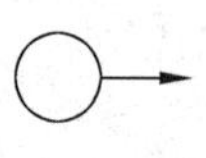	圆柱心轴	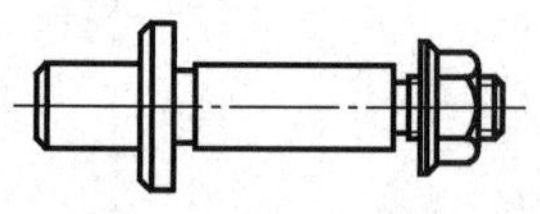
4		内拨顶尖	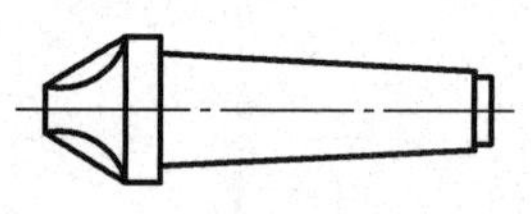	9	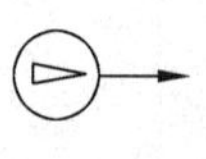	锥度心轴	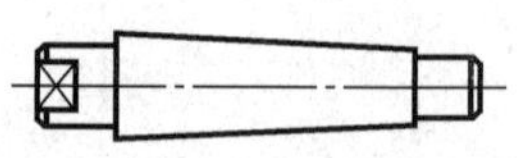
5	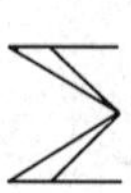	外拨顶尖	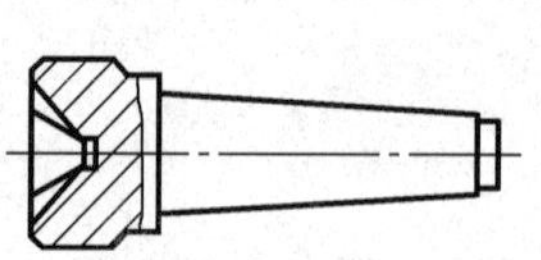	10	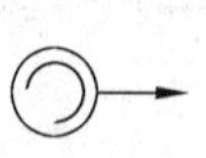	螺纹心轴	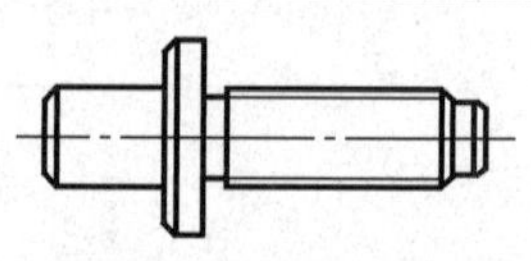 （花键心轴也用此符号）

（续）

序号	符号	名称	定位、夹紧元件的装置简图	序号	符号	名称	定位、夹紧元件的装置简图
11	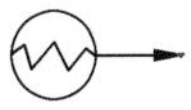	弹性心轴	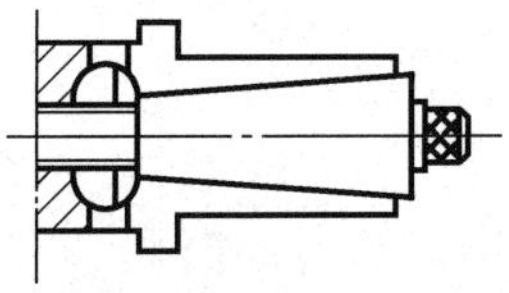 （包括塑料心轴）	18		止口盘	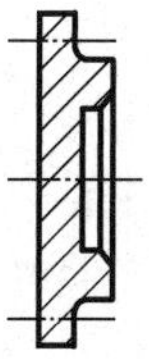 或 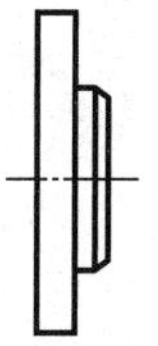
		弹簧夹头	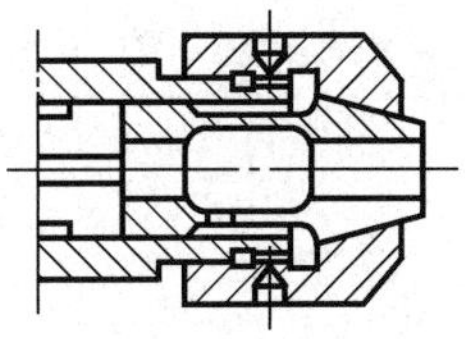	19		拨杆	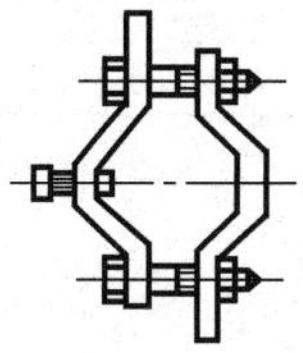 
12		自定心卡盘	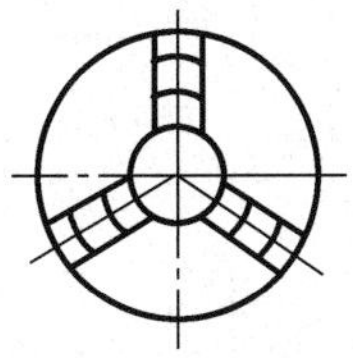	20	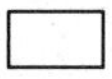	垫铁	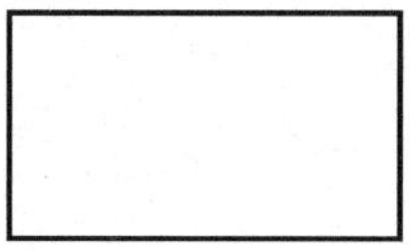
13		单动卡盘	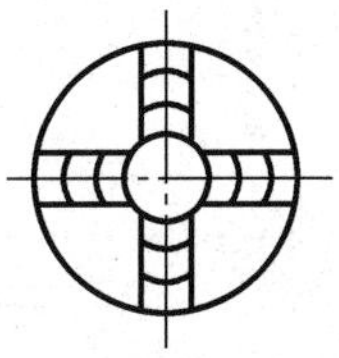	21	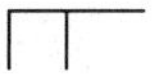	压板	
14		中心架	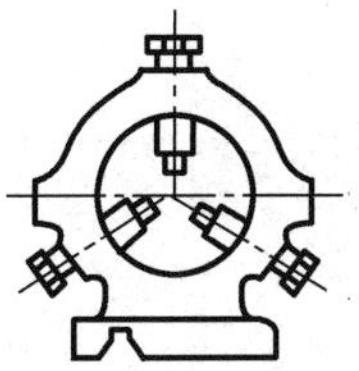	22		角铁	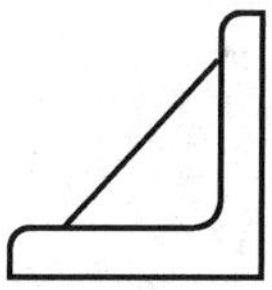
15		跟刀架	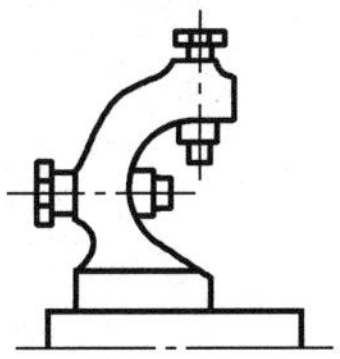	23		可调支承	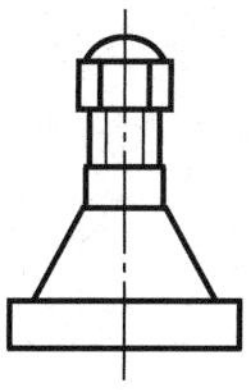
16	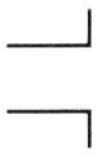	圆柱衬套	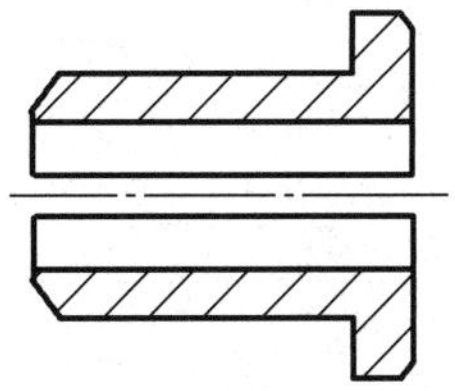	24	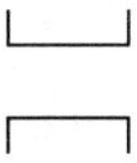	平口钳	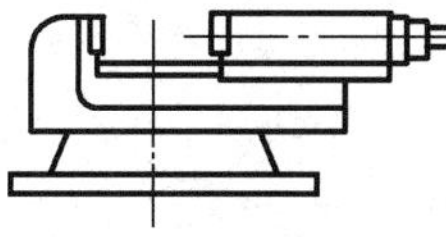
17	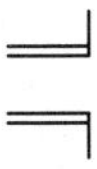	螺纹衬套	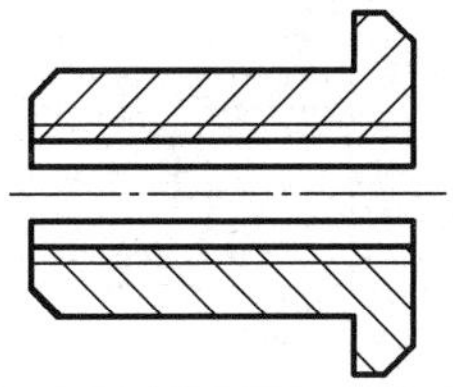	25	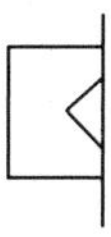	中心堵	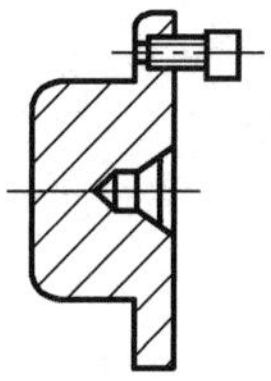

（续）

序号	符号	名称	定位、夹紧元件的装置简图	序号	符号	名称	定位、夹紧元件的装置简图
26		V形块	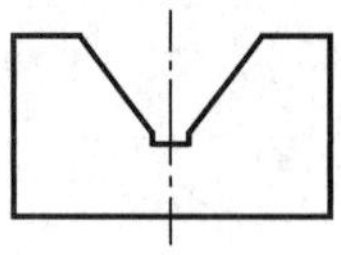	27		软爪	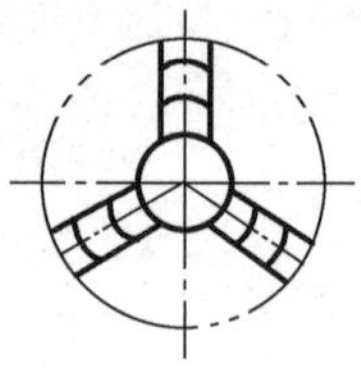

表 1-3　定位、夹紧及装置符号综合标注示例

序号	说　　明	定位、夹紧符号标注示意图	装置符号标注示意图	备　　注
1	床头固定顶尖、床尾固定顶尖定位，拨杆夹紧	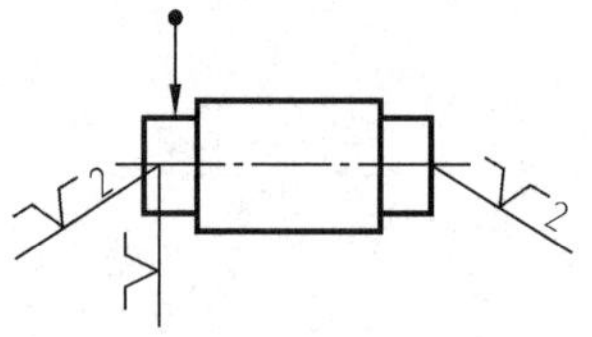	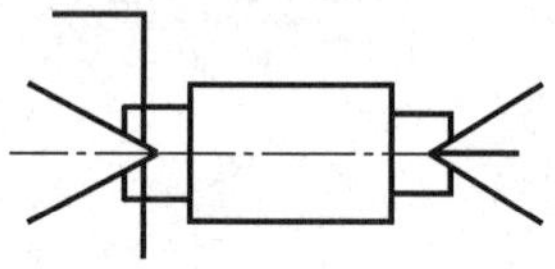	
2	床头固定顶尖、床尾浮动顶尖定位，拨杆夹紧	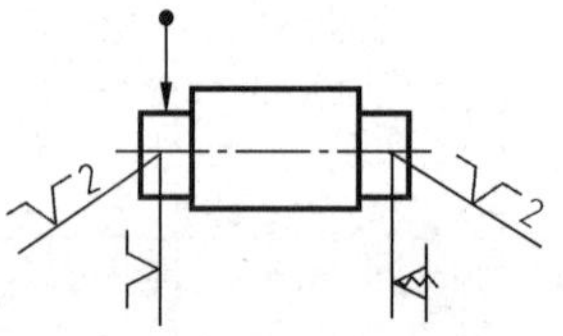	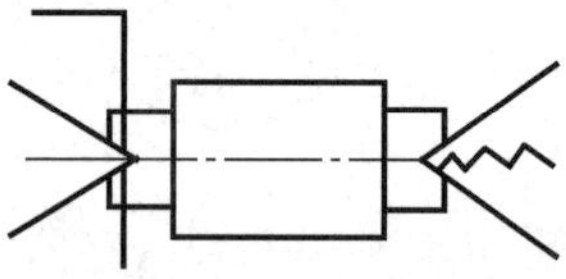	
3	床头内拨顶尖、床尾回转顶尖定位夹紧（轴类零件）	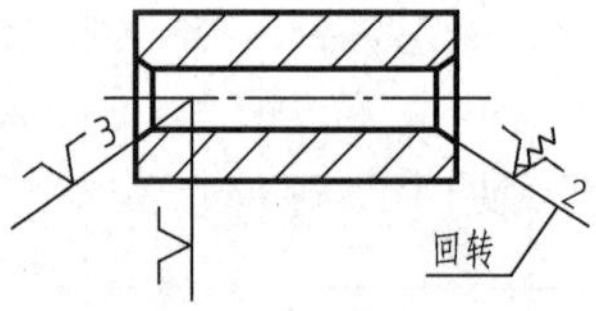 回转	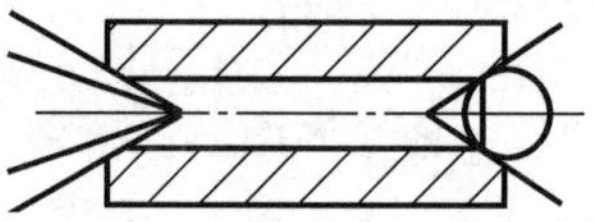	
4	床头外拨顶尖、床尾回转顶尖定位夹紧（轴类零件）	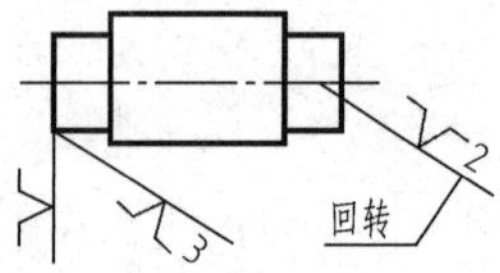 回转	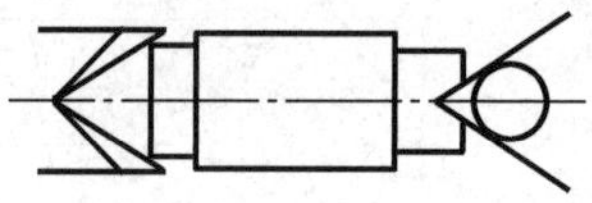	
5	床头弹簧夹头定位夹紧，夹头内带有轴向定位，床尾内顶尖定位（轴类零件）	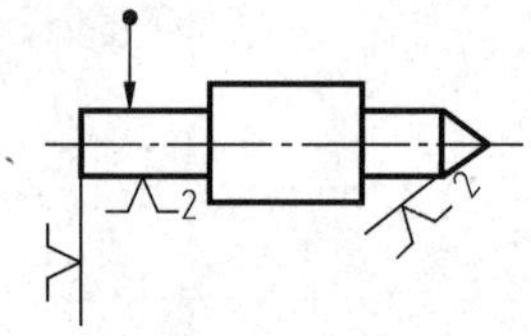	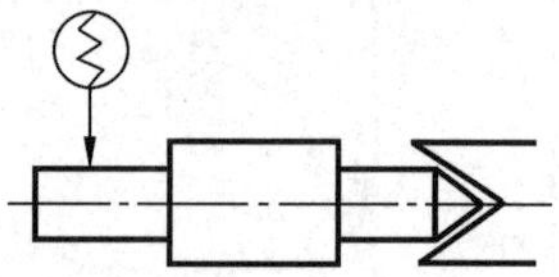	
6	弹簧夹头定位夹紧（套类零件）	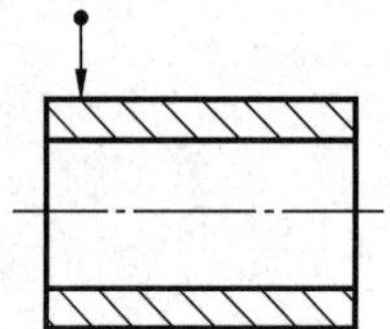	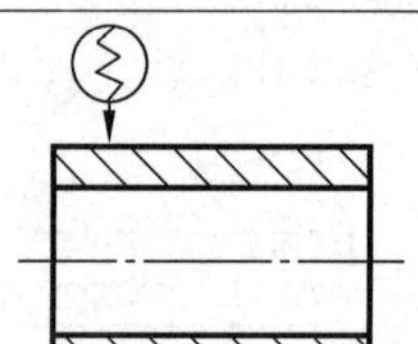	
7	液压弹簧夹头定位夹紧，夹头内带有轴向定位（套类零件）	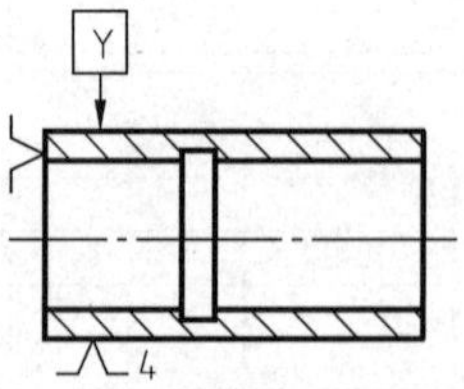	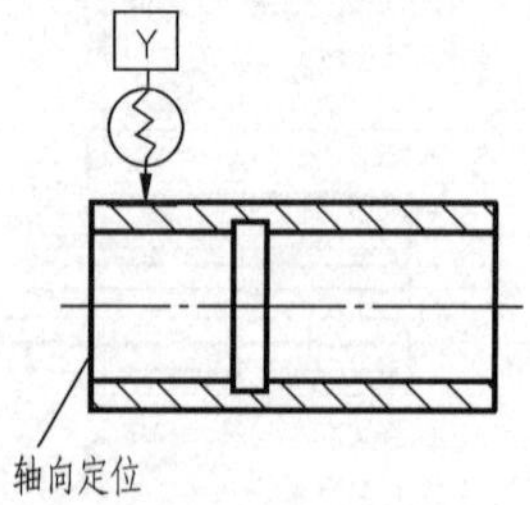 轴向定位	轴向定位由1个定位点控制

（续）

序号	说　明	定位、夹紧符号标注示意图	装置符号标注示意图	备　注
8	弹性心轴定位夹紧（套类零件）	4		
9	气动弹性心轴定位夹紧，带端面定位（套类零件）	3　Q　2	Q　端面定位	端面定位由 3 个定位点控制
10	锥度心轴定位夹紧（套类零件）	5		
11	圆柱心轴定位夹紧，带端面定位（套类零件）	3　2	端面定位	
12	自定心卡盘定位夹紧（短轴类零件）	4	轴向定位	
13	液压自定心卡盘定位夹紧，带端面定位（盘类零件）	Y　3　2	Y　端面定位	
14	单动卡盘定位夹紧，带轴向定位（短轴类零件）	4	轴向定位	
15	单动卡盘定位夹紧，带端面定位（盘类零件）	3　2	端面定位	

（续）

序号	说　明	定位、夹紧符号标注示意图	装置符号标注示意图	备　注
16	床头固定顶尖，床尾浮动顶尖，中部有跟刀架辅助支承定位，拨杆夹紧（细长轴类零件）	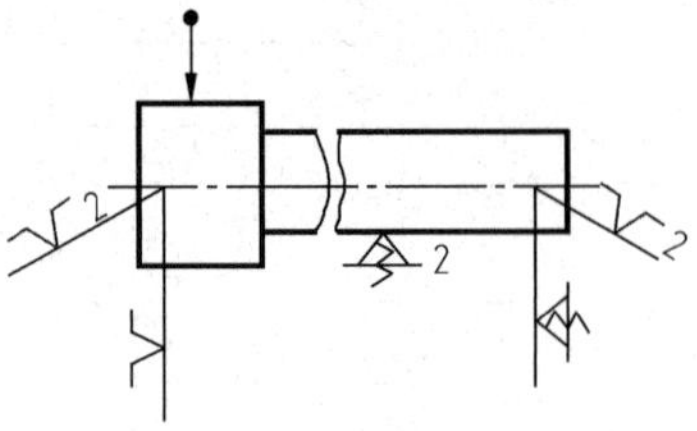	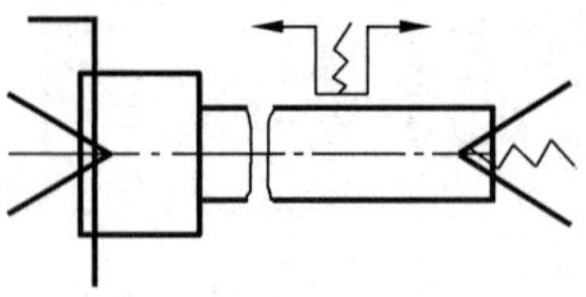	
17	床头自定心卡盘定位夹紧，床尾中心架支承定位（长轴类零件）	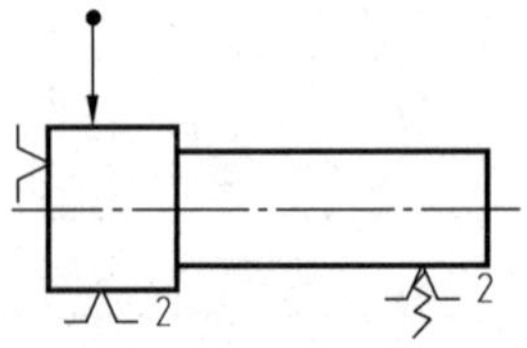	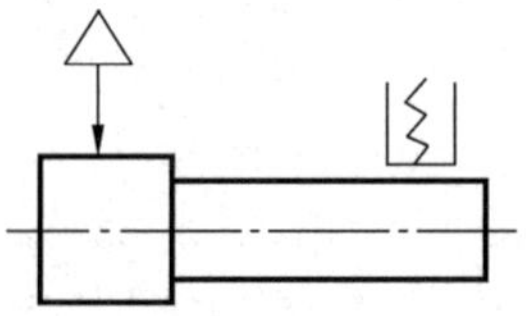	
18	止口盘定位螺栓压板夹紧	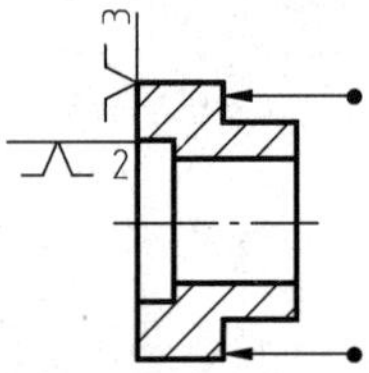	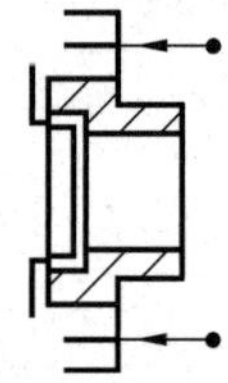	
19	止口盘定位气动压板联动夹紧	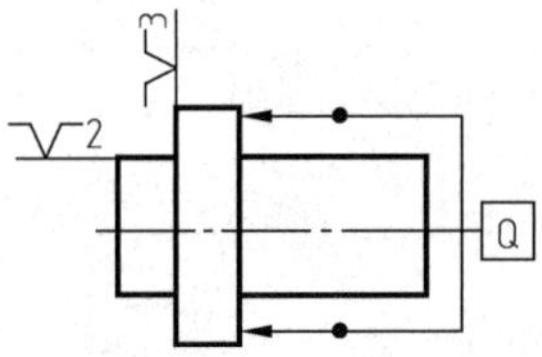	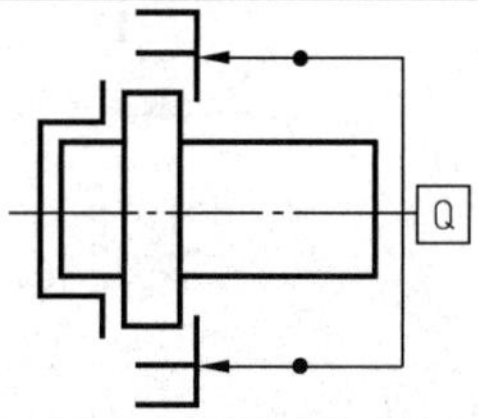	
20	螺纹心轴定位夹紧（环类零件）	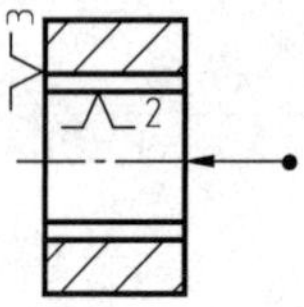	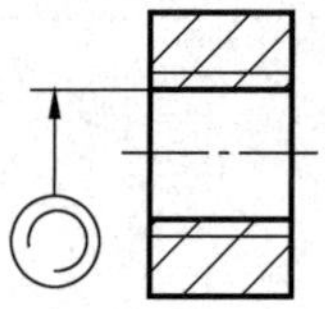	
21	圆柱衬套带有轴向定位，外用自定心卡盘夹紧（轴类零件）	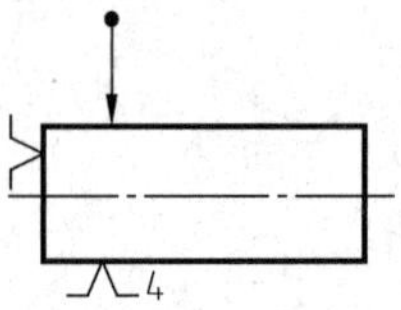	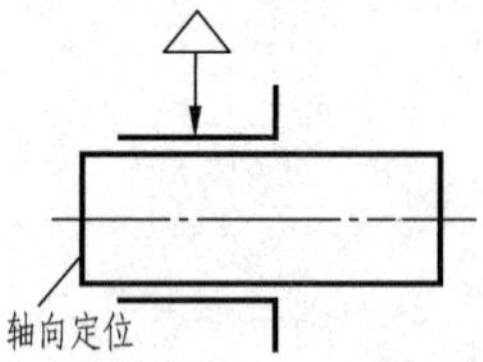 轴向定位	
22	螺纹衬套定位，外用自定心卡盘夹紧	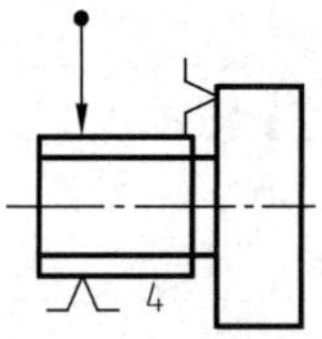	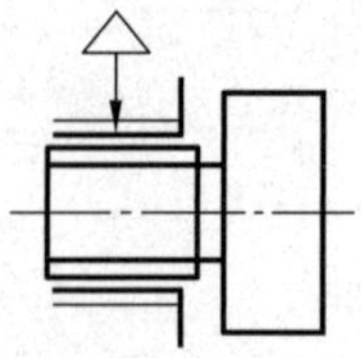	
23	平口钳定位夹紧	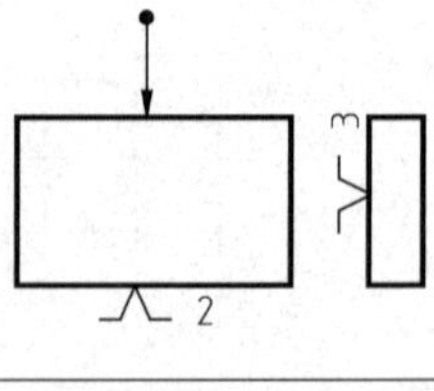	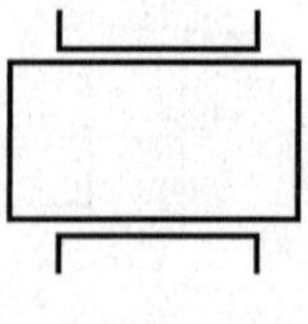	

（续）

序号	说　明	定位、夹紧符号标注示意图	装置符号标注示意图	备　注
24	电磁盘定位夹紧	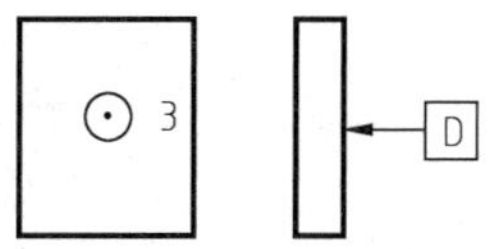		
25	软爪自定心卡盘定位夹紧（薄壁零件）	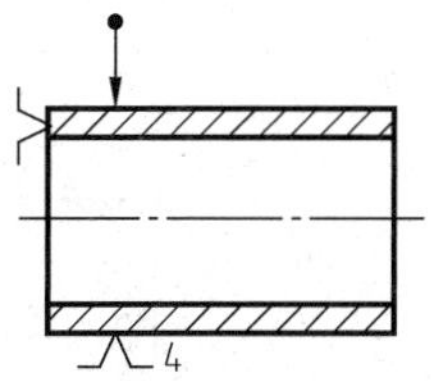	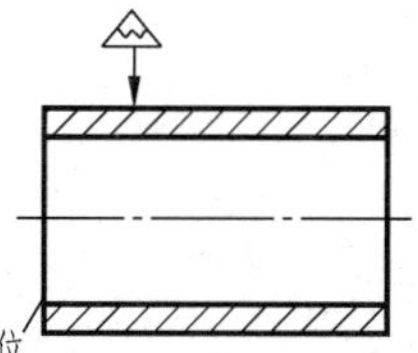 轴向定位	
26	床头伞形顶尖、床尾伞形顶尖定位，拨杆夹紧（筒类零件）	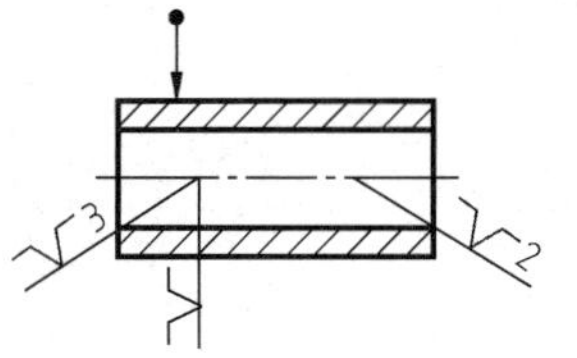	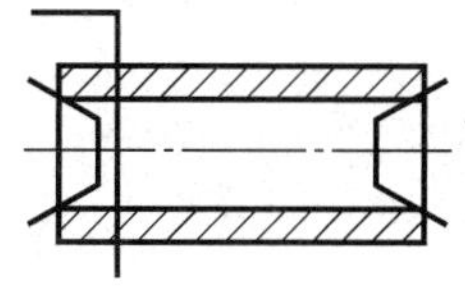	
27	床头中心堵，床尾中心堵定位，拨杆夹紧（筒类零件）	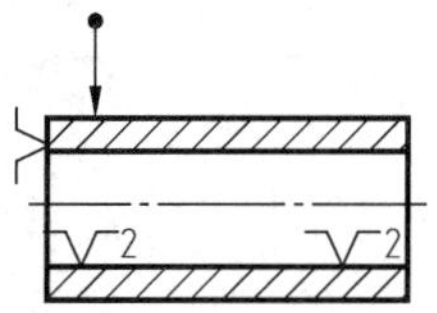	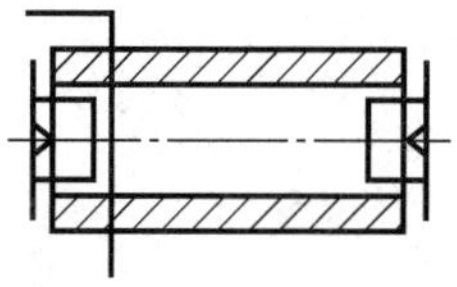	
28	角铁、V 形块及可调支承定位，下部加辅助可调支承，压板联动夹紧	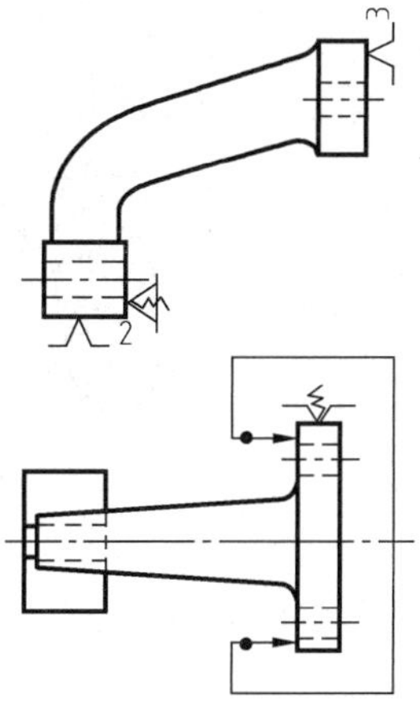	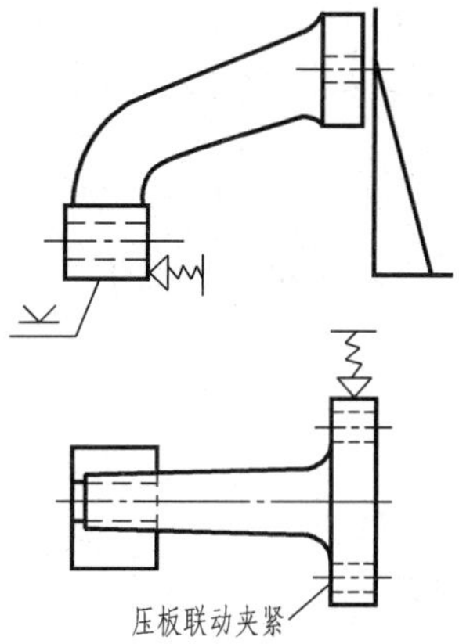 压板联动夹紧	
29	一端固定 V 形块，下平面垫铁定位，另一端可调 V 形块定位夹紧	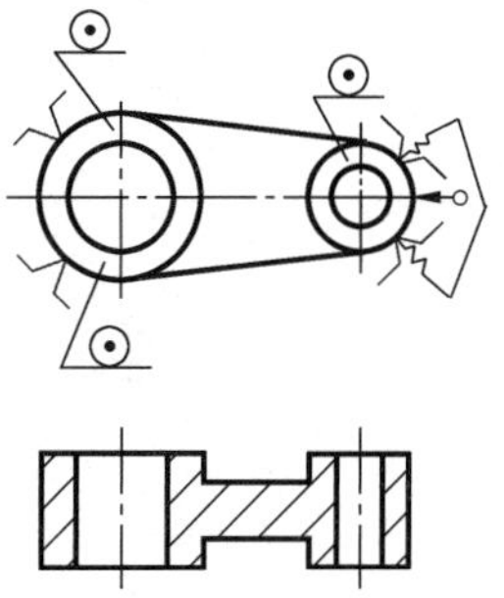	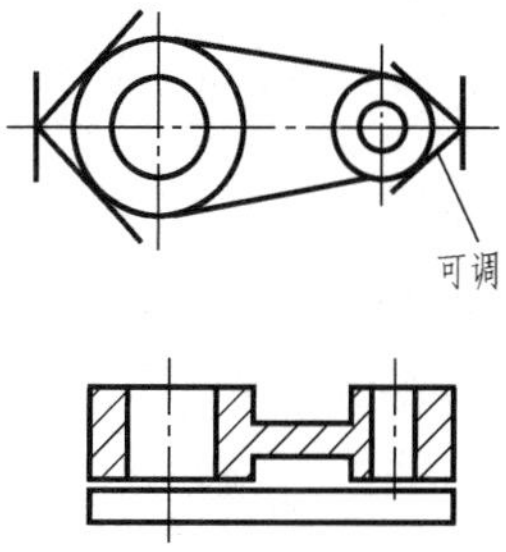 可调	

表 1-4　定位、夹紧符号标注示例

序　号	说　明	定位、夹紧符号标注示意图
1	装夹在 V 形铁上的轴类工件（铣键槽）	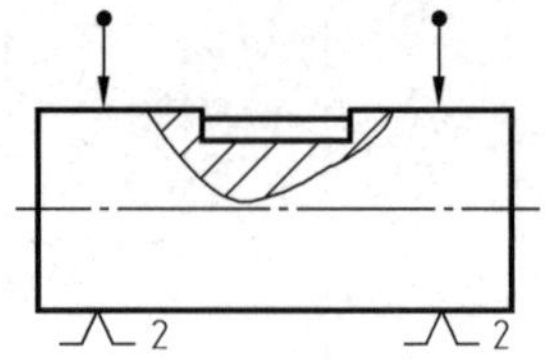
2	装夹在铣齿机底座上的齿轮（齿形加工）	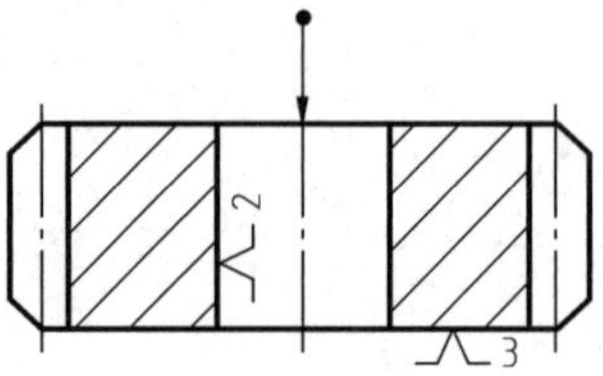
3	用单动卡盘找正夹紧或自定心卡盘夹紧及回转顶尖定位的曲轴（车曲轴）	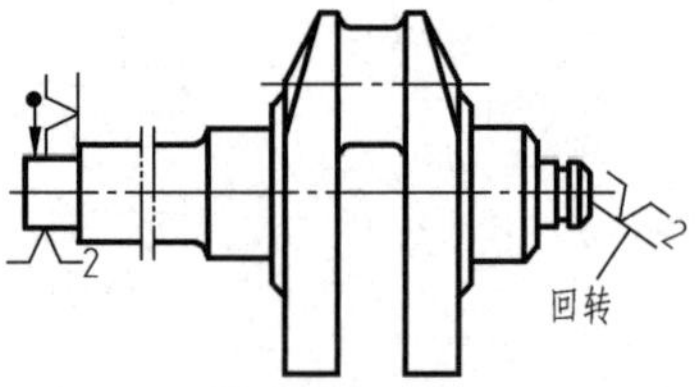
4	装夹在一圆柱销和一菱形销夹具上的箱体（箱体镗孔）	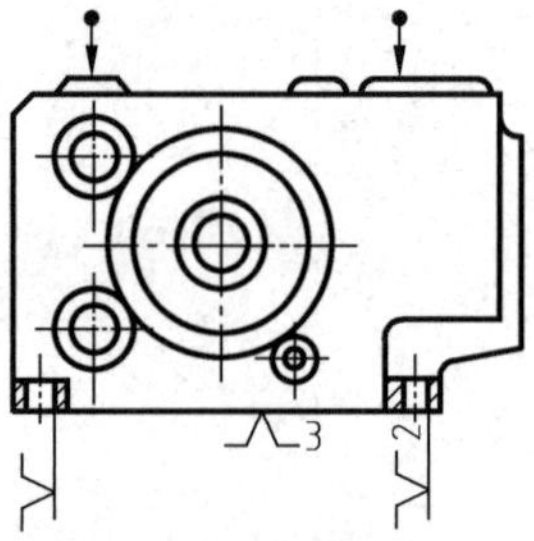
5	装夹在三面定位夹具上的箱体（箱体镗孔）	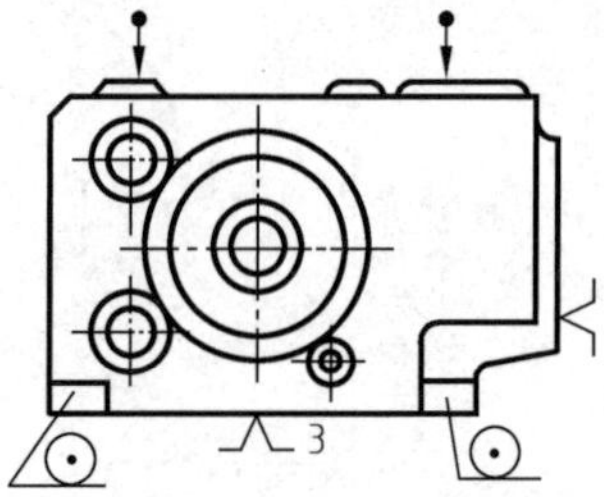
6	装夹在钻模上的支架（钻孔）	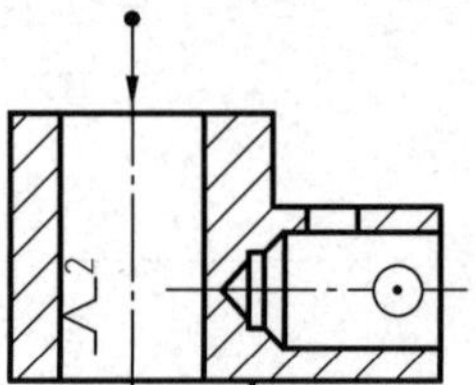
7	装夹在齿轮、齿条压紧钻模上的法兰盘（钻孔）	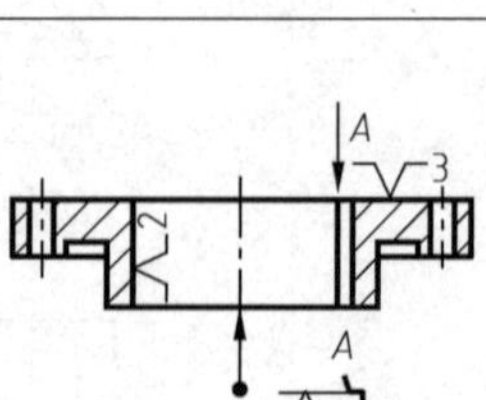

（续）

序　　号	说　　明	定位、夹紧符号标注示意图
8	装夹在夹具上的拉杆叉头（钻孔）	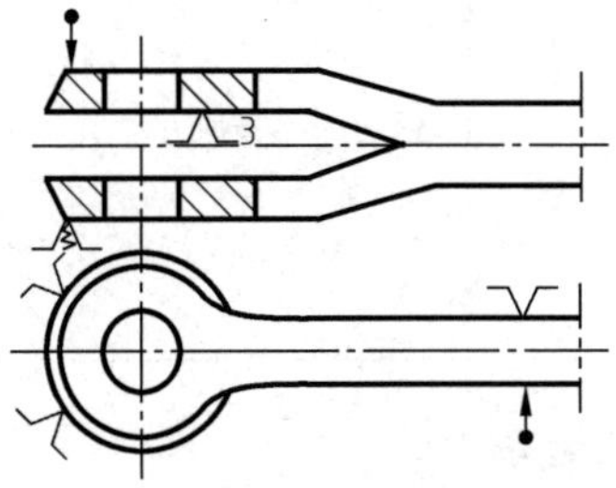
9	装夹在专用曲轴夹具上的曲轴（铣曲轴侧面）	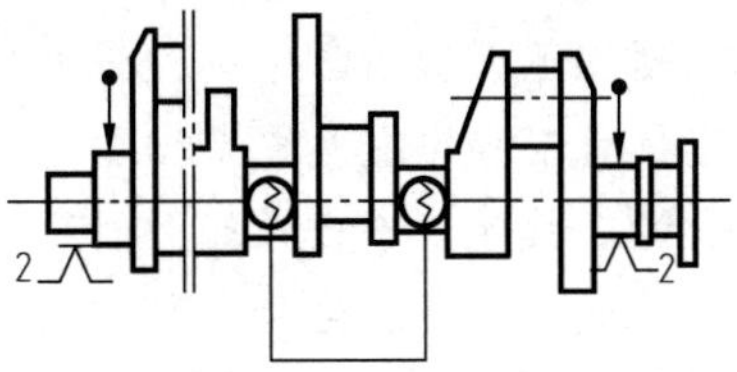
10	装夹在联动定位装置上带双孔的工件（仅表示工件两孔定位）	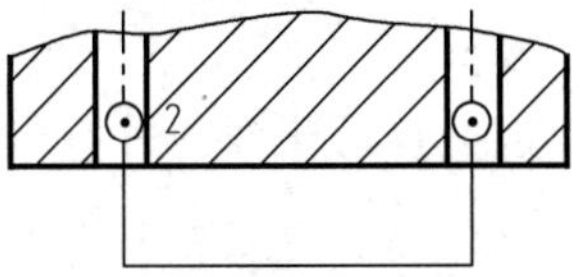
11	装夹在联动辅助定位装置上带不同高度平面的工件	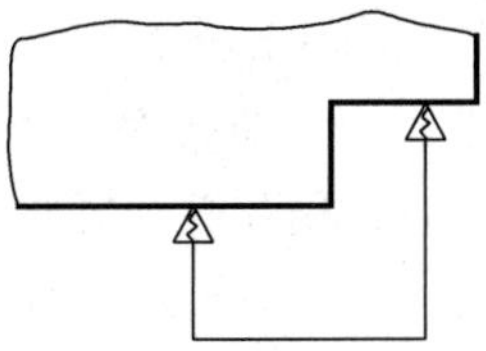
12	装夹在联动夹紧夹具上的垫块（加工端面）	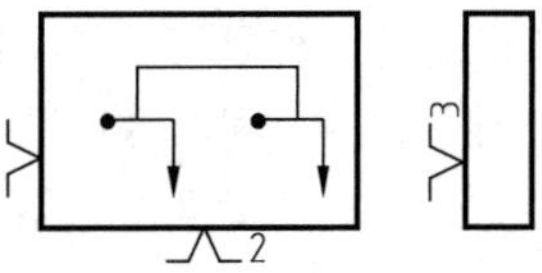
13	装夹在联动夹紧夹具上的多个短轴（加工端面）	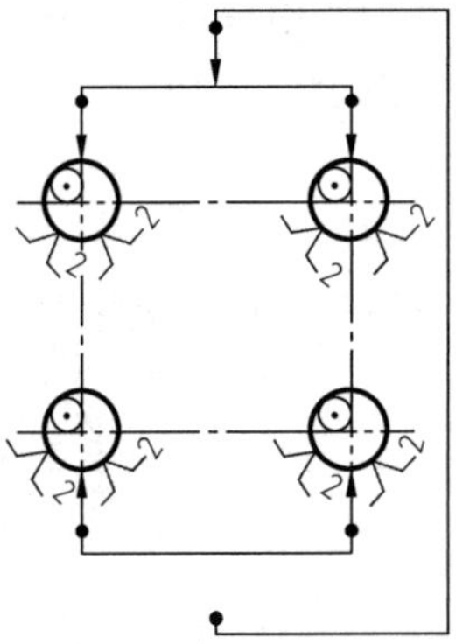
14	装夹在液压杠杆夹紧夹具上的垫块（加工侧面）	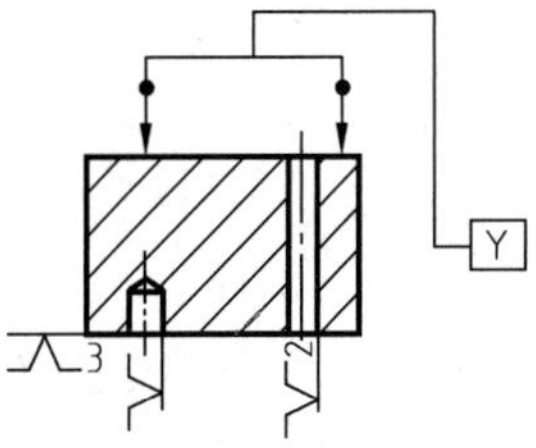

（续）

序　　号	说　　明	定位、夹紧符号标注示意图
15	装夹在气动铰链杠杆夹紧夹具上的圆盘（加工上平面）	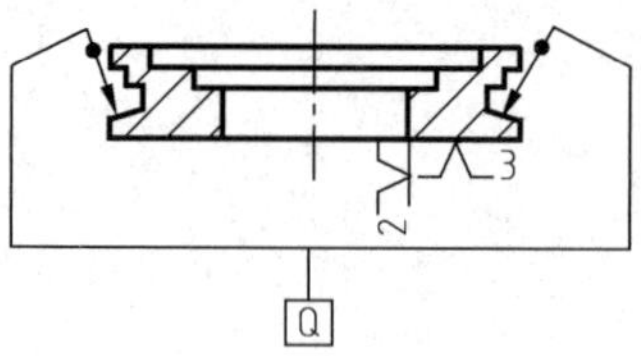

4. 工艺装备设计

要求学生设计加工给定零件所必需的专用夹具或专用量具 1 ~ 2 套。本书以夹具设计为例，具体的设计项目可根据加工需要由学生本人提出并经指导教师同意后确定。所设计的专用夹具零件数以 20 ~ 40 件为宜，即应具有中等以上的复杂程度。

结构设计的具体要求步骤如下：

（1）确定设计方案，绘制结构原理示意图　设计方案的确定是一项十分重要的设计程序，方案的优劣往往决定了夹具设计的成功与失败，因此必须充分地进行研究和讨论，以确定最佳方案，而不应急于绘图，草率从事。

学生在确定夹具设计方案时应当遵循的原则是：确保加工质量，结构尽量简单，操作省力高效，制造成本低廉。这四条原则如果单独拿出来分析，有些是相互矛盾的。而设计者的任务就是要在设计实践中，综合上述四条，通盘考虑，灵活运用所学知识，结合实际情况，注意分析研究，考虑相互制约的各种因素，确定最合理的设计方案。

（2）选择、设计定位元件，计算定位误差　在确定设计方案的基础上，应按照加工精度的高低、需要消除的不定度数目以及粗、精加工的需要，按照有关标准正确地选择、设计定位元件。

设计好定位元件之后，还应对定位误差进行计算。计算结果如果超差，需要改变定位方法或提高定位元件、定位表面的制造精度，以减小定位误差，保证加工精度符合设计要求。有时甚至要从根本上改变工艺路线的安排，以保证零件的加工能顺利进行。

（3）计算所需的夹紧力，设计夹紧机构　设计时所进行的夹紧力计算，实际上是经过简化了的计算。因为此时计算所得，仅为零件在切削力、夹紧力的作用下按照静力平衡条件而求得的理论夹紧力。为了保证零件装夹的安全可靠，实际所需的夹紧力应比理论夹紧力大，即应对理论夹紧力乘以安全系数 K。K 的大小可在相关手册中查得，一般 $K=1.5\sim2.5$。

应该指出，由于加工方法、切削刀具以及装夹方式不同，夹紧力的计算有些情况下是没有现成公式的，需要同学们根据过去所学的理论，对实际情况进行分析研究，以决定合理的计算方法。

夹紧机构的功用就是将动力源的力正确、有效地施加到工件上去。可以根据具体情况，选择杠杆、螺旋、偏心、铰链等不同的夹紧机构，并配合以手动、气动或液动的动力源，将夹具的设计工作逐步完善起来。

（4）画夹具装配图　画夹具装配图是夹具设计工作中重要的一环。画夹具图时，应当注意和遵循以下几点：

1）本设计中，要求按 1∶1 的比例绘制夹具总装图。被加工零件在夹具上的位置，要用双点画线表示出来，夹紧机构应处于“夹紧”的位置上，并用双点画线画出夹爪松开位置。

2）注意投影的选择。应当用最少的投影将夹具的结构完全清楚地表达出来。因此，在画图之前，应当仔细考虑各视图的配置与安排。

3）所设计的夹具，不但机构要合理，结构也应当合理，否则都不能正常工作。图 1-3a 所示为机构不合理的例子：一个圆形零件用 V 形块定位并用两个压板夹紧。由于这个夹具是双向正反螺杆带动两个压板做自定心夹紧的，因此这个方案对零件是重复定位。图 1-3b 是经过修改后的设计，零件仍由 V 形块定位，双头螺杆-压板系统可以沿横向移动，只起压紧作用，从而解决了重复定位问题。

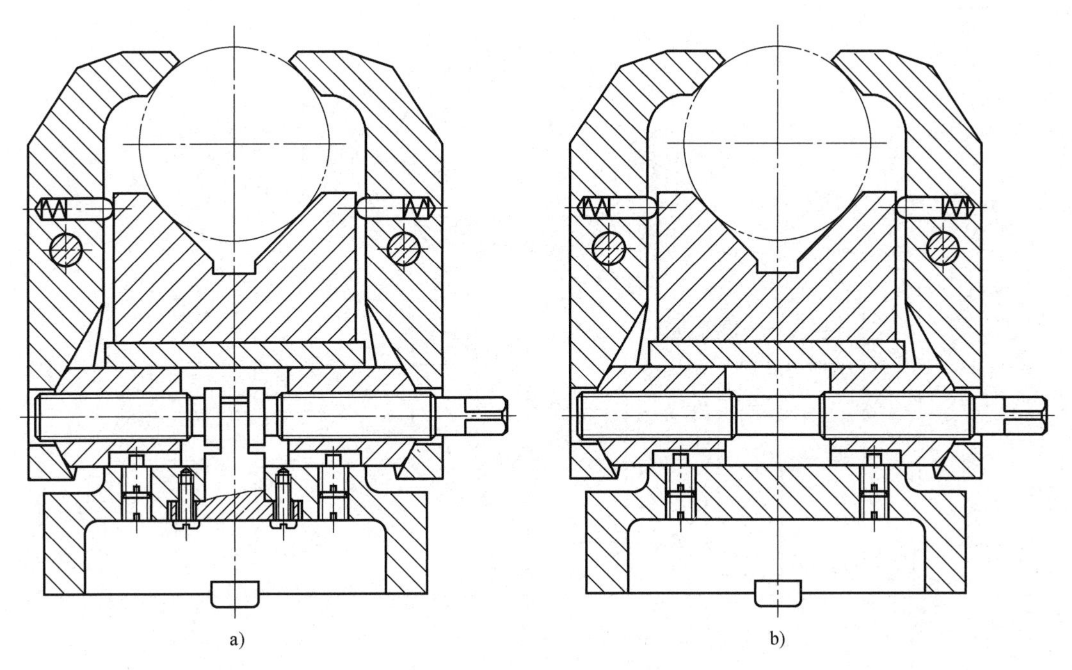

图 1-3　夹具机构合理性实例

图 1-4 所示为一个铰链夹紧机构的例子。该例从机构学的角度考虑是合理的。但当铰链机构中的各销轴在工作过程中磨损过大、出现间隙或者制造后装配累积误差较大时，都会造成滚子 1 的移动超过死点而最终导致机构失效，因此该夹具机构有不合理因素。如果在拉杆 2 上增加一个调整环节，那么这套夹具机构就更加合理，如图 1-5 所示。

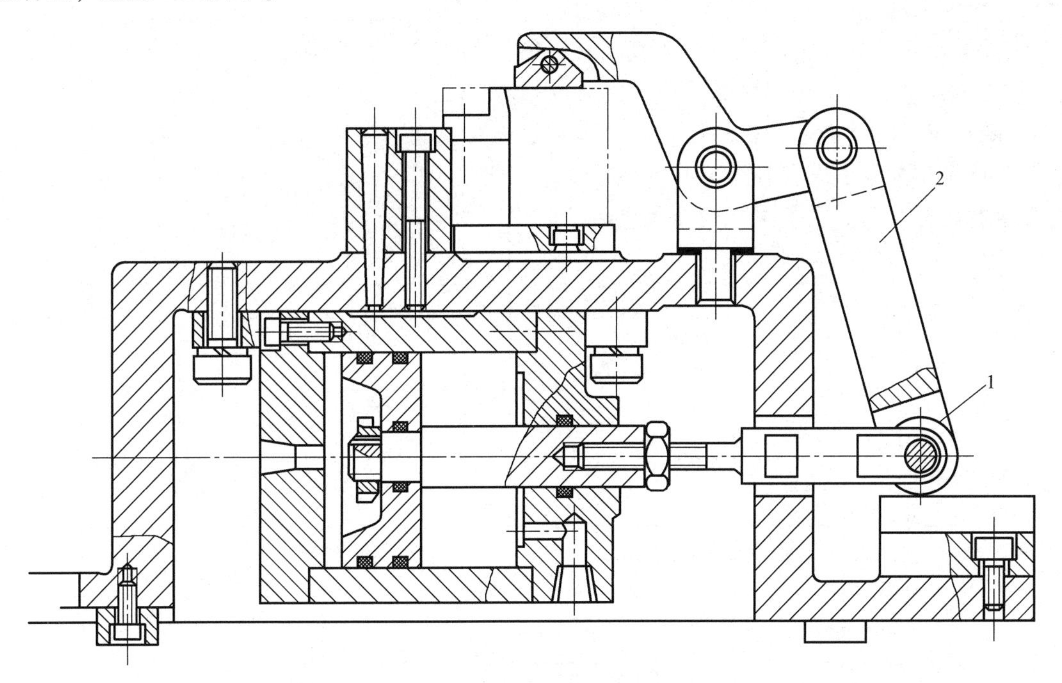

图 1-4　结构不合理的夹具

1—滚子　2—拉杆

4）在铣床上加工侧面（垂直于工作台的平面）或槽和在镗床上镗孔或者利用摇臂钻工作台侧面 T 形槽定位夹具体时，都需要保证夹具的定位表面与机床的相对运动保持正确的位置，因此需要在夹具体底面加装两个定位键，两个定位键需要在一个槽内，与铣床（镗床）工作台的 T 形槽配合。

5）由于生产纲领为中批量，工艺路线设计中各工序需要采用调整法来提高加工效率，保证一批零件

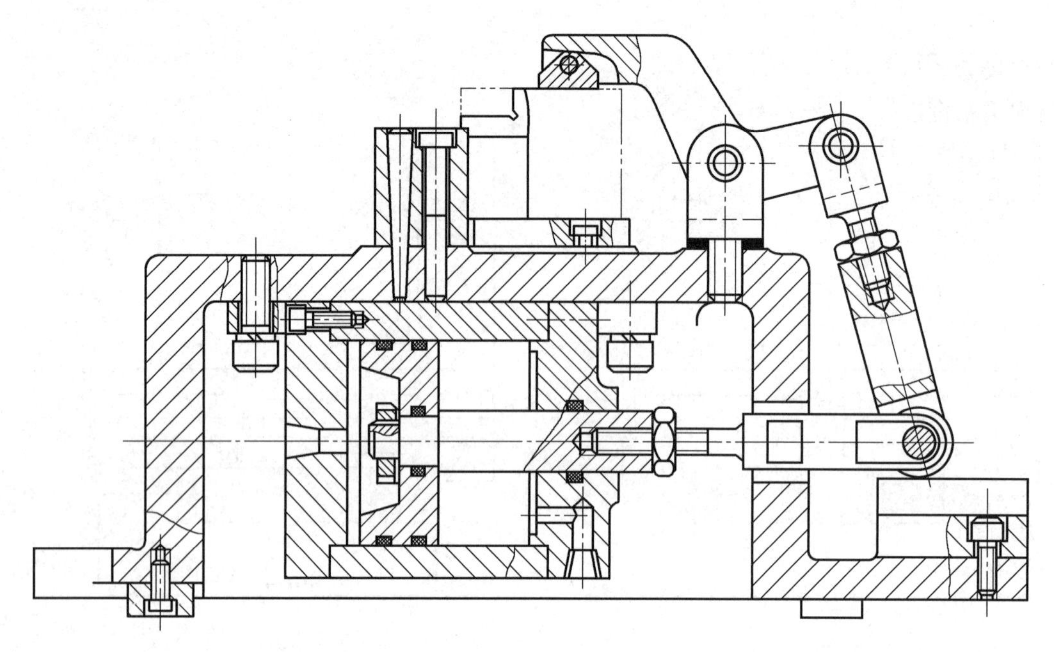

图 1-5　结构合理的夹具

尺寸精度的稳定性，因此夹具上应具备对刀装置，即铣床夹具需要加装对刀块，钻床夹具需要有钻套（钻模），钻套及对刀块可采用标准结构，参见本书第 3 章，或查相应的设计手册。如果无合适的对刀装置可选，也可以自行设计，其精度指标、材料及热处理方式参见手册。

6）运动部件的动作要灵活，不能出现干涉和卡死的现象。回转工作台或回转定位部件应有锁紧装置，不能在工作中松动。

7）夹具的装配工艺性和夹具零件（尤其是夹具体）的可加工性要好。

8）夹具中的运动零部件要有润滑措施，夹具的排屑要方便。

9）零件的选材、尺寸公差的标注以及总装技术要求要合理。为便于审查零件的加工工艺性及夹具的装配工艺性，从教学要求出发，各零部件尽量不采用简化法绘制。

装配图的标题栏及明细栏按国家标准规定，其形式如图 1-6 所示。

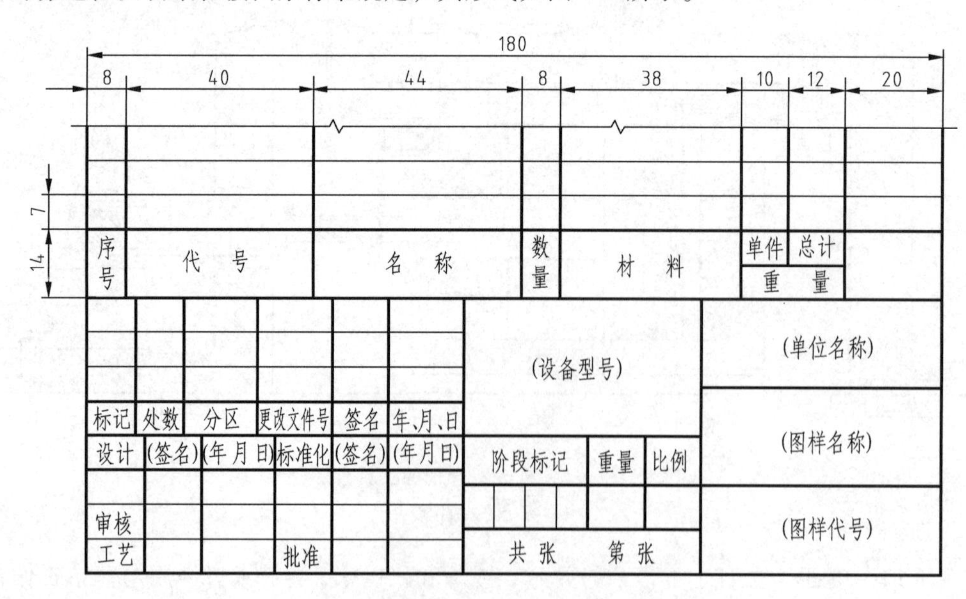

图 1-6　装配图标题栏及明细栏格式

10）夹具装配图上的尺寸标注。在夹具装配图上，需要标注下列尺寸：

① 轮廓尺寸（外形的长、宽、高）。如果夹具有活动部件，则应将活动部件的移动极限用双点画线画

出，如果此尺寸改变了夹具体轮廓尺寸的大小，应该标注。

② 配合尺寸。所有的配合表面都需要有剖面表达，并标注配合尺寸。

③ 与加工精度有关联的尺寸。例如定位元件与定位元件之间的距离尺寸，定位元件（定位表面）与对刀元件（对刀块对刀表面、钻套轴线）之间的距离尺寸等，都应该标注公差，公差大小的确定遵循加工误差组成及误差不等式，一般取被加工零件相关工序尺寸公差的1/3～1/5。

④ 与机床有关联的尺寸。例如，铣床夹具上定位键的宽度尺寸要专门标出，夹具与机床连接时放置螺栓的槽宽也要标出。另外，已有车床卡盘与主轴的定位锥面的锥度和直径或定位圆柱面的尺寸、配合及连接螺纹的尺寸、规格等。

此外，夹具装配图上还应标出几何公差要求，如对刀装置的对刀面与定位元件定位表面的平行度或垂直度，定位元件定位表面与夹具体安装基面的平行度或垂直度等。

11）夹具装配图上的技术要求。夹具装配图上需要标注如下技术要求：

① 夹具动力源的相关参数。气动夹紧需要标出气源压力（0.4～0.6MPa）；手动夹紧需要给出扳手长度及施力大小。

② 夹具体的涂装要求。例如喷漆颜色，或者发蓝处理等。

③ 上述尺寸标注中难以标注的尺寸（例如公称尺寸为0的尺寸），难以标注的几何精度要求，可以在技术要求里面提出。

5. 撰写设计说明书

学生在完成上述全部工作之后，应将前述工作依先后次序撰写一份设计说明书，要求字迹工整，语言简练，文字通顺。说明书应以B5纸书写，四周留有边框，并装订成册。

1.4 设计成绩的考核

课程设计的全部图样及说明书应有设计者及指导教师的签字。未经指导教师签字的设计不能参加答辩。

由教师组成答辩小组（不少于3人），设计者本人应首先对自己的设计进行5～10min的讲解，然后由答辩老师提问，学生回答。每个学生的总答辩时间一般为20～30min。

课程设计成绩采用累加式，包括指导成绩和答辩成绩，其中指导教师根据指导过程中学生的努力程度、对所做工作的认知深度以及完成设计的综合质量给出指导成绩，指导成绩占总成绩的20%；答辩教师根据学生答辩情况、回答问题正确与否、设计质量的好坏、图面质量的高低和说明书撰写是否规范等给出答辩成绩，答辩成绩按百分制给出，答辩成绩占总成绩的80%。

第2章　设计实例

机械制造工艺学

课程设计说明书

设计题目：设计“万向节滑动叉”零件的机械加工
工艺规程及工艺装备（年产量为4000件）

姓　　名________________
班　　级________________
专　　业________________
学　　院________________
指导教师________________

×××大学
年　月　日

机械制造工艺学课程设计

任　务　书

题目：设计“万向节滑动叉”零件的机械加工工艺规程及工艺装备

要求：

1. 生产纲领：年产量4000件。
2. 绘制零件图样1张（A3）。
3. 绘制毛坯图样1张（A3）。
4. 编制零件机械加工工艺1套、绘制综合工艺卡片（A1）图样1张。
5. 设计其中1道工序的专用夹具，完成装配图1张（A0），夹具体零件图1张（A1）。
6. 撰写设计说明书1份。

指导教师：____________（签字）

教学主任：____________（签字）

年　　月　　日

2.1 序言

机械制造工艺学课程设计是在学完了大学的全部基础课、专业基础课及大部分专业主干课之后进行的。是学生进行毕业设计之前对所学课程的一次深入的综合性的总复习，也是一次理论联系实际的训练，因此，机械制造工艺学课程设计非常重要。

希望能通过这次课程设计对机械制造工艺设计进行一次适应性训练，从中锻炼自己分析问题、解决问题的能力，为今后参加工作打下一个良好的基础。

由于能力所限，设计尚有许多不足之处，恳请各位老师给予指教。

2.2 零件的分析

2.2.1 零件的作用

题目所给定的零件是解放牌 CA-15B 汽车底盘传动轴上的万向节滑动叉（见第 40 页附图 1），它位于传动轴的端部。主要作用一是传递转矩，使汽车获得前进的动力；二是当汽车后桥钢板弹簧处在不同的状态时，由本零件可以调整传动轴的长短及其位置。零件的 2 个叉头部位上有 2 个 $\phi 39^{+0.027}_{-0.010}$mm 的孔，用以安装滚针轴承并与十字轴相连，起万向节的作用。零件 ϕ65mm 外圆内为 ϕ50mm 花键孔与传动轴端部的花键轴相配合，用于传递动力。

2.2.2 零件的工艺分析

万向节滑动叉共有两组加工表面，它们之间有一定的位置要求。现分述如下：

1. 以 $\phi 39^{+0.027}_{-0.010}$mm 孔为中心的加工表面

这一组加工表面包括：2 个 $\phi 39^{+0.027}_{-0.010}$mm 的孔及其倒角，尺寸为 $118^{0}_{-0.07}$mm 的与 2 个孔 $\phi 39^{+0.027}_{-0.010}$mm 相垂直的平面，还有在平面上的 4 个 M8 螺孔。其中，主要加工表面为 $\phi 39^{+0.027}_{-0.010}$mm 的 2 个孔。

2. 以 ϕ50mm 花键孔为中心的加工表面

这一组加工表面包括：$\phi 50^{+0.039}_{0}$mm 花键孔（16 齿矩形花键），ϕ55mm 阶梯孔，以及 ϕ65mm 的外圆表面和 M60 × 1mm 的外螺纹表面。

这两组加工表面之间有一定的位置要求，主要是：

1）$\phi 50^{+0.039}_{0}$mm 花键孔与 $\phi 39^{+0.027}_{-0.010}$mm 两孔中心连线的垂直度公差为 100:0.2。

2）ϕ39mm 两孔外端面对 ϕ39mm 孔的垂直度公差为 0.1mm。

3）$\phi 50^{+0.039}_{0}$mm 花键槽宽中心线与 ϕ39mm 孔中心线偏转角度公差小于 2°。

由以上分析可知，对于这两组加工表面而言，可以先加工其中一组表面，然后借助于专用夹具加工另一组表面，并保证它们之间的位置精度要求。

2.3 工艺规程设计

2.3.1 确定毛坯的制造形式

零件材料为 45 钢。考虑到汽车在运行中要经常加速及正、反向行驶，零件在工作过程中又经常承受交变载荷及冲击载荷，因此应该选用锻件，以使金属纤维尽量不被切断，保证零件工作可靠。由于零件年产量为 4000 件，已达到大批生产的水平，而且零件的轮廓尺寸不大，故可以采用模锻成形。这从提高生产率、保证加工精度方面考虑，也是应该的。

2.3.2 基面的选择

基面选择是工艺规程设计中的重要工作之一。基面选择得正确与合理，可以使加工质量得到保证，生产率得以提高。否则，加工过程中会问题百出，甚至还会造成零件大批报废，使生产无法正常进行。

1. 粗基准的选择

对于一般的轴类零件而言，以外圆作为粗基准是完全合理的，但对于本零件来说，如果以 ϕ65mm 外圆（或 ϕ62mm 外圆）表面作基准（4 点定位），则可能造成这一组内外圆柱表面与零件的叉部外形不对称。按照有关粗基准的选择原则（即当零件有不加工表面时，应以这些不加工表面作粗基准；若零件有若干个不加工表面时，则应以与加工表面要求相对位置精度较高的不加工表面作粗基准），现选取叉部 2 个 $\phi 39^{+0.027}_{-0.010}$mm 孔的不加工外轮廓表面作为粗基准，利用 2 个短 V 形块支承这 2 个 $\phi 39^{+0.027}_{-0.010}$mm 的外轮廓作主要定位面，以消除 $\vec{x}$、$\widehat{x}$、$\vec{y}$、$\widehat{y}$ 共 4 个不定度，再用一自定心的窄口卡盘，夹持在 ϕ65mm 外圆柱面上，用以消除 $\vec{z}$、$\widehat{z}$ 共 2 个不定度，达到完全定位。

2. 精基准的选择

主要应该考虑基准重合的问题。当设计基准与工序基准不重合时，应该进行尺寸换算（具体换算过程，在此先不介绍）。

2.3.3 制订工艺路线

制订工艺路线的出发点，应当是使零件的几何形状、尺寸精度及位置精度等技术要求能得到合理的保证。在生产纲领已确定为大批生产的条件下，可以考虑采用万能机床配以专用工夹具，并尽量使工序集中来提高生产率。除此以外，还应当考虑经济效果，以便使生产成本尽量下降。

1. 工艺路线方案一

工序Ⅰ　车外圆 ϕ62mm、ϕ60mm，车螺纹 M60 × 1mm。

工序Ⅱ　两次钻孔并扩钻花键底孔 ϕ43mm，锪沉头孔 ϕ55mm。

工序Ⅲ　倒角 5 × 30°。

工序Ⅳ　钻 Rc1/8 锥螺纹底孔。

工序Ⅴ　拉花键孔。

工序Ⅵ　粗铣 ϕ39mm 两孔端面。

工序Ⅶ　精铣 ϕ39mm 两孔端面。

工序Ⅷ　钻、扩、粗铰、精铰两个 ϕ39mm 孔至图样尺寸并锪倒角 C2。

工序Ⅸ　钻 M8 底孔 ϕ6.7mm，倒角 120°。

工序Ⅹ　攻螺纹 M8，Rc1/8。

工序Ⅺ　冲箭头。

工序Ⅻ　检查。

2. 工艺路线方案二

工序Ⅰ　粗铣 ϕ39mm 两孔端面。

工序Ⅱ　精铣 ϕ39mm 两孔端面。

工序Ⅲ　钻 ϕ39mm 两孔（不到尺寸）。

工序Ⅳ　镗 ϕ39mm 两孔（不到尺寸）。

工序Ⅴ　精镗两个 ϕ39mm 孔至图样尺寸，倒角 C2。

工序Ⅵ　车外圆 ϕ62mm、ϕ60mm，车螺纹 M60 × 1mm。

工序Ⅶ　钻、镗孔 ϕ43mm，锪沉头孔 ϕ55mm。

工序Ⅷ　倒角 5 × 30°。

工序Ⅸ　钻 Rc1/8 底孔。

工序Ⅹ　拉花键孔。

工序Ⅺ　钻 M8 底孔 ϕ6.7mm，倒角 120°。

工序Ⅻ　攻螺纹 M8，锥螺纹孔 Rc1/8。

工序ⅩⅢ　冲箭头。

工序ⅩⅣ　检查。

3. 工艺方案的比较分析

上述两个工艺方案的特点在于：方案一是先加工以花键孔为中心的一组表面，然后以此为基面加工 ϕ39mm 两孔；方案二则与此相反，先是加工 ϕ39mm 孔，然后再以此两孔为基准加工花键孔及其外表面。比较两方案可以看出，先加工花键孔后再以花键孔定位加工 ϕ39mm 两孔，这时的位置精度较易保证，并且定位及装夹等都比较方便。但方案一中的工序Ⅷ虽然代替了方案二中的工序Ⅲ、Ⅳ、Ⅴ，减少了装夹次数，但在一道工序中要完成这么多工作，除了选用专门设计的组合机床（但在成批生产时，在能保证加工精度的情况下，应尽量不选用组合机床）外，只能用转塔车床，利用转塔头进行加工。而转塔车床目前大多适用于粗加工，用来在此处加工 ϕ39mm 两孔是不合适的，因此决定将方案二中的工序Ⅲ、Ⅳ、Ⅴ移入方案一，改为两道工序加工。具体工艺过程如下：

工序Ⅰ　车外圆 ϕ62mm、ϕ60mm，车螺纹 M60×1mm。粗基准的选择如前所述。

工序Ⅱ　两次钻孔并扩钻花键底孔 ϕ43mm，锪沉头孔 ϕ55mm，以 ϕ62mm 外圆为定位基准。

工序Ⅲ　倒角 5×30°。

工序Ⅳ　钻 Rc1/8 锥螺纹底孔。

工序Ⅴ　拉花键孔。

工序Ⅵ　粗铣 ϕ39mm 两孔端面，以花键孔及其端面为基准。

工序Ⅶ　精铣 ϕ39mm 两孔端面。

工序Ⅷ　钻孔两次并扩孔 ϕ39mm。

工序Ⅸ　精镗并细镗 ϕ39mm 两孔，倒角 $C2$。工序Ⅶ、Ⅷ、Ⅸ的定位基准均与工序Ⅵ相同。

工序Ⅹ　钻 M8 底孔 ϕ6.7mm，倒角 120°。

工序Ⅺ　攻螺纹 M8，Rc1/8。

工序Ⅻ　冲箭头。

工序ⅩⅢ　检查。

以上加工方案大致看来还是合理的。但通过仔细考虑零件的技术要求以及可能采取的加工手段之后，就会发现仍有问题，主要表现在 ϕ39mm 两孔及其端面加工要求上。图样规定：ϕ39mm 两孔中心线应与 ϕ55mm 花键孔垂直，垂直度公差为 100:0.2；ϕ39mm 两孔与其外端面应垂直，垂直度公差为 0.1mm。由此可以看出：因为 ϕ39mm 两孔的中心线要求与 ϕ55mm 花键孔中心线垂直，因此，加工及测量 ϕ39mm 孔时应以花键孔为基准。这样做，能保证设计基准与工艺基准相重合。在上述工艺路线制订中也是这样做的。同理，ϕ39mm 两孔与其外端面的垂直度（0.1mm）的技术要求在加工与测量时也应遵循上述原则。但在已制订的工艺路线中却没有这样做：ϕ39mm 孔加工时，以 ϕ55mm 花键孔定位（这是正确的）；而加工 ϕ39mm 孔的外端面时，也是以 ϕ55mm 花键孔定位。这样做，从装夹上看似乎比较方便，但却违反了基准重合的原则，造成了不必要的基准不重合误差。具体说来，当 ϕ39mm 两孔的外端面以花键孔为基准加工时，如果两个端面与花键孔中心线已保证了绝对平行的话（这是很难的），那么由于 ϕ39mm 两孔中心线与花键孔仍有 100:0.2 的垂直度公差，则 ϕ39mm 孔与其外端面的垂直度误差就会很大，甚至会造成超差而报废。这就是由于基准不重合而造成的。为了解决这个问题，原有的加工路线仍可大致保持不变，只是在 ϕ39mm 两孔加工完之后，再增加一道工序，即以 ϕ39mm 孔为基准，磨 ϕ39mm 两孔外端面。这样做，可以修正由于基准不重合造成的加工误差，同时也照顾了原有的加工路线中装夹较方便的特点。因此，最后的加工路线确定如下：

工序Ⅰ　车端面及外圆 ϕ62mm、ϕ60mm，车螺纹 M60×1mm。以两个叉耳外轮廓及 ϕ65mm 外圆为粗基准，选用 CA6140 车床并加专用夹具。

工序Ⅱ 钻、扩花键底孔 ϕ43mm，并锪沉头孔 ϕ55mm。以 ϕ62mm 外圆为定位基准，选用 C365L 转塔车床。

工序Ⅲ 内花键孔 5×30°倒角。选用 CA6140 车床加专用夹具。

工序Ⅳ 钻锥螺纹 Rc1/8 底孔。选用 Z525 立式钻床及专用夹具。这里安排钻 Rc1/8 底孔主要是为了下道工序拉花键孔时消除回转不定度而设置的一个定位基准。本工序以花键内底孔定位，并利用叉部轮廓消除回转不定度。

工序Ⅴ 拉花键孔。利用花键内底孔、ϕ55mm 端面及 Rc1/8 锥螺纹底孔定位，选用 L6120 卧式拉床加工。

工序Ⅵ 粗铣 ϕ39mm 两孔端面，以花键孔定位，选用 X63 卧式铣床加工。

工序Ⅶ 钻、扩 ϕ39mm 两孔及倒角。以花键孔及端面定位，选用 Z535 立式钻床加工。

工序Ⅷ 精、细镗 ϕ39mm 两孔。选用 T740 型卧式金刚镗床及专用夹具加工，以花键内孔及其端面定位。

工序Ⅸ 磨 ϕ39mm 两孔端面，保证尺寸$118_{-0.07}^{0}$mm，以 ϕ39mm 孔及花键孔定位，选用 M7130 平面磨床及专用夹具加工。

工序Ⅹ 钻叉部 4 个 M8 螺纹底孔并倒角。选用 Z525 立式钻床及专用夹具加工，以花键孔及 ϕ39mm 孔定位。

工序Ⅺ 攻螺纹 4×M8 及锥螺纹孔 Rc1/8。

工序Ⅻ 冲箭头。

工序XⅢ 终检。

以上工艺过程详见附表 1 “机械加工工艺过程综合卡片”。

2.3.4 机械加工余量、工序尺寸及毛坯尺寸的确定

万向节滑动叉材料为 45 钢，硬度为 207～241HBW，毛坯质量约为 6kg，生产类型为大批生产，采用在锻锤上合模模锻毛坯。

根据上述原始资料及加工工艺，分别确定各加工表面的机械加工余量、工序尺寸及毛坯尺寸如下：

1. 外圆表面（ϕ62mm 及 M60×1）

考虑其加工长度为 90mm，与其连接的非加工外圆表面直径为 ϕ65mm，为简化模锻毛坯的外形，现直接取其外圆表面直径为 ϕ65mm。ϕ62mm 表面为自由尺寸公差，表面粗糙度 Rz 值要求为 200μm，只要求粗加工，此时直径余量 $2Z=3$mm 已能满足加工要求。

2. 外圆表面沿轴线长度方向的加工余量及公差（M60×1 端面）

查《机械制造工艺设计简明手册》[㊀] 第 2 版（以下简称《工艺手册》）表 2.2-14，其中锻件质量为 6kg，锻件复杂形状系数为 S_1，锻件材质系数取 M_1，锻件轮廓尺寸（长度方向）>180～315mm，故长度方向偏差为$_{-1.1}^{+2.1}$mm。

长度方向的余量查《工艺手册》表 2.2-24，其余量值规定为 2.0～2.5mm，现取 2.0mm。

3. 两内孔 $\phi 39_{-0.010}^{+0.027}$mm（叉部）

毛坯为实心，不冲出孔。两内孔精度要求介于 IT7～IT8 之间，参照《工艺手册》表 2.3-9 及表 2.3-12 确定的工序尺寸及余量为

钻孔：ϕ25mm

扩孔：ϕ37mm　　$2Z=12$mm

扩孔：ϕ38.7mm　　$2Z=1.7$mm

精镗：ϕ38.9mm　　$2Z=0.2$mm

细镗：$\phi 39_{-0.010}^{+0.027}$mm　　$2Z=0.1$mm

㊀ 李益民主编，机械工业出版社出版，ISBN 978-7-111-44216-5。

4. 花键孔（$16\times\phi50^{+0.039}_{0}$ mm $\times\phi43^{+0.18}_{0}$ mm $\times5^{+0.048}_{0}$ mm）

要求花键孔为外径定心，故采用拉削加工。

内孔尺寸为 $\phi43^{+0.18}_{0}$ mm，见图样。参照《工艺手册》表 2.3-9 确定孔的加工余量分配：

钻孔：ϕ25mm

扩孔：ϕ41mm

扩孔：ϕ42mm

拉花键孔（$16\times\phi50^{+0.039}_{0}$ mm $\times\phi43^{+0.18}_{0}$ mm $\times5^{+0.048}_{0}$ mm）

花键孔要求外径定心，拉削时内径的加工余量参照《工艺手册》表 2.3-19，取 $2Z=1$mm。

5. $\phi39^{+0.027}_{-0.010}$mm 两孔外端面的加工余量（加工余量的计算长度为$118^{0}_{-0.07}$mm）

1）按照《工艺手册》表 2.2-24，加工表面粗糙度 $Ra=3.2\mu$m，锻件复杂系数 S_3，锻件质量为 6kg，则两个孔外端面的单边加工余量为 2.0～2.5mm，取 $Z=2$mm。锻件的公差按《工艺手册》表 2.2-14，材质系数取 M_1，复杂系数 S_3，则锻件的偏差为$^{+1.9}_{-0.9}$mm。

2）磨削余量：单边 0.2mm（见《工艺手册》表 2.3-21），磨削公差即零件公差$^{0}_{-0.07}$mm。

3）铣削余量：铣削的公称余量（单边）为

$$Z=2.0\text{mm}-0.2\text{mm}=1.8\text{mm}$$

铣削公差：现规定本工序（粗铣）的加工精度为 IT11 级，因此可知本工序的加工公差为$^{0}_{-0.22}$mm（入体方向）。

由于毛坯及以后各道工序（或工步）的加工都有加工公差，因此所规定的加工余量其实只是名义上的加工余量。实际上，加工余量有最大加工余量及最小加工余量之分。

由于本设计规定的零件为大批生产，应该采用调整法加工，因此在计算最大、最小加工余量时，应按调整法加工方式予以确定。

ϕ39mm 两孔外端面尺寸加工余量和工序间余量及公差分布图如图 2-1 所示。

由图可知：

毛坯名义尺寸

$$118+2\times2=122\ (\text{mm})$$

毛坯最大尺寸

$$122+1.9\times2=125.8\ (\text{mm})$$

毛坯最小尺寸

$$122-0.9\times2=120.2\ (\text{mm})$$

粗铣后最大尺寸

$$118+0.2\times2=118.4\ (\text{mm})$$

粗铣后最小尺寸

$$118.4-0.22=118.18\ (\text{mm})$$

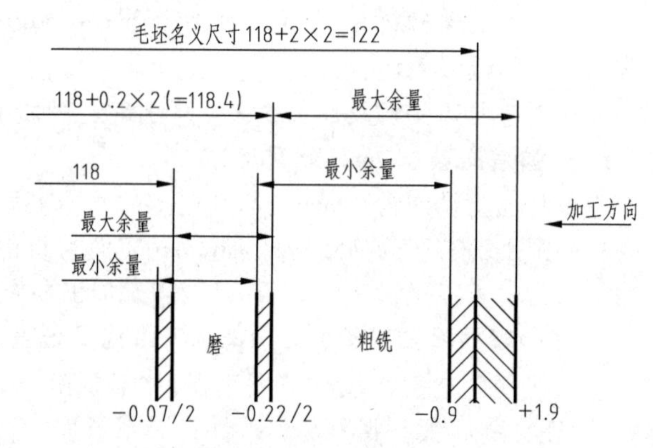

图 2-1　ϕ39mm 两孔外端面尺寸加工余量和工序间余量及公差分布图

磨削后尺寸与零件图尺寸应相符，即$118^{0}_{-0.07}$mm。

最后，将上述计算的工序间尺寸及公差整理成表 2-1。

万向节滑动叉的锻件毛坯图见第 41 页的附图 2。

表 2-1　加工余量计算表　　（单位：mm）

加工尺寸及公差 \ 工序		锻件毛坯（ϕ39 二端面，零件尺寸 $118^{0}_{-0.07}$）	粗铣二端面		磨二端面
加工前尺寸	最大		125.8		118.4
	最小		120.2		118.18
加工后尺寸	最大	125.8	118.4		118
	最小	120.2	118.18		117.93
加工余量(单边)		2.8	最大	3.7	0.2
			最小	1.01	0.125
加工公差(单边)		$^{+1.9}_{-0.9}$	−0.22/2		−0.07/2

2.3.5 确定切削用量及基本工时

1. 工序 I

车削端面、外圆及螺纹。本工序采用计算法确定切削用量。

(1) 加工条件

工件材料：45 钢正火，$R_m = 0.60\text{GPa}$，模锻。

加工要求：粗车 $\phi60\text{mm}$ 端面及 $\phi60\text{mm}$、$\phi62\text{mm}$ 外圆，$Rz200\mu\text{m}$；车螺纹 M60 × 1mm。

机床：CA6140 卧式车床。

刀具：刀片材料 YT15，刀杆尺寸 16mm × 25mm，$\kappa_r = 90°$，$\gamma_o = 15°$，$\alpha_o = 12°$，$r_\varepsilon = 0.5\text{mm}$。

60°螺纹车刀：刀片材料为 W18Cr4V。

(2) 计算切削用量

1) 粗车 M60 × 1mm 端面。

① 已知毛坯长度方向的加工余量为 $2^{+1.5}_{-0.7}\text{mm}$，考虑 7°的模锻拔模斜度，则毛坯长度方向的最大加工余量 $Z_{max} = 7.5\text{mm}$。但实际上，由于以后还要钻花键底孔，因此端面不必全部加工，而可以留出一个 $\phi40\text{mm}$ 芯部待以后钻孔时加工掉，故此时实际端面最大加工余量可按 $Z_{max} = 5.5\text{mm}$ 考虑，分两次加工，$a_p = 3\text{mm}$。

长度加工公差按 IT12 级，取 −0.46mm（入体方向）。

② 进给量 f。根据《切削用量简明手册》[⊖]（第 3 版）（以下简称《切削手册》）中的表 1.4，当刀杆尺寸为 16mm × 25mm，$a_p \leq 3\text{mm}$ 以及工件直径为 60mm 时

$$f = 0.5 \sim 0.7\text{mm/r}$$

按 CA6140 车床说明书（见《切削手册》表 1.30）取

$$f = 0.5\text{mm/r}$$

③ 计算切削速度。按《切削手册》中的表 1.27，切削速度的计算公式为（寿命选 $T = 60\text{min}$）。

$$v_c = \frac{C_v}{T^m a_p^{x_v} f^{y_v}} k_v \text{m/min}$$

其中，$C_v = 242$，$x_v = 0.15$，$y_v = 0.35$，$m = 0.2$。修正系数 k_v 见《切削手册》中的表 1.28，即

$$k_{Mv} = 1.44,\ k_{sv} = 0.8,\ k_{kv} = 1.04,\ k_{krv} = 0.81,\ k_{Bv} = 0.97$$

所以

$$v_c = \frac{242}{60^{0.2} \times 3^{0.15} \times 0.5^{0.35}} \times 1.44 \times 0.8 \times 1.04 \times 0.81 \times 0.97\text{m/min} = 108.6\text{m/min}$$

④ 确定机床主轴转速。机床主轴转速的计算公式为

$$n_s = \frac{1000 v_c}{\pi d_w} = \frac{1000 \times 108.6}{\pi \times 65}\text{r/min} \approx 532\text{r/min}$$

按机床说明书（见《工艺手册》表 4.2-8），与 532r/min 相近的机床转速为 500r/min 及 560r/min。现选取 $n_w = 560\text{r/min}$。如果选 $n_w = 500\text{r/min}$，则速度损失太大，所以实际切削速度 $v = 114\text{m/min}$。

⑤ 切削工时。按《工艺手册》表 6.2-1 中的公式计算。

$$l = \frac{65 - 40}{2}\text{mm} = 12.5\text{mm},\ l_1 = 2\text{mm},\ l_2 = 0,\ l_3 = 0$$

$$t_m = \frac{l + l_1 + l_2 + l_3}{n_w f} i = \frac{12.5 + 2}{560 \times 0.5} \times 2\text{min} = 0.097\text{min}$$

2) 粗车 $\phi39\text{mm}$ 外圆，同时应校验机床功率及进给机构强度。

⊖ 艾兴，肖诗刚主编，机械工业出版社出版，ISBN 978-7-111-03846-7。

① 切削深度。单边余量 $Z=1.5\text{mm}$ 可以一次切除。

② 进给量。根据《切削手册》表 1.4，选取 $f=0.5\text{mm/r}$。

③ 计算切削速度。根据《切削手册》表 1.27 中的公式计算

$$v_c=\frac{C_v}{T^m a_p^{x_v} f^{y_v}}k_v=\frac{242}{60^{0.2}\times 1.5^{0.15}\times 0.5^{0.35}}\times 1.44\times 0.8\times 0.81\times 0.97\text{m/min}=116\text{m/min}$$

④ 确定主轴转速。主轴转速的计算公式为

$$n_s=\frac{1000v_c}{\pi d_w}=\frac{1000\times 116}{\pi\times 65}\text{r/min}\approx 568\text{r/min}$$

按机床说明书取 $n=560\text{r/min}$，所以实际切削速度

$$v=\frac{\pi dn}{1000}=\frac{\pi\times 65\times 560}{1000}\text{m/min}=114\text{m/min}$$

⑤ 检验机床功率。主切削力 F_c 按《切削手册》表 1.29 中的公式计算

$$F_c=C_{F_c}a_p^{x_{F_c}}f^{y_{F_c}}v_c^{n_{F_c}}k_{F_c}$$

其中，$C_{F_c}=2795$，$x_{F_c}=1.0$，$y_{F_c}=0.75$，$n_{F_c}=-0.15$

$$k_{Mp}=\left(\frac{R_m}{650}\right)^{n_F}=\left(\frac{600}{650}\right)^{0.75}=0.94$$

$$k_{kr}=0.89$$

所以

$$F_c=2795\times 1.5\times 0.5^{0.75}\times 114^{-0.15}\times 0.94\times 0.89\text{N}=1014.5\text{N}$$

切削时消耗功率 P_c 为

$$P_c=\frac{F_c v_c}{6\times 10^4}=\frac{1014.5\times 114}{6\times 10^4}\text{kW}=2.06\text{kW}$$

由 CA6140 机床说明书可知，CA6140 主电动机功率为 7.8kW，当主轴转速为 560r/min 时，主轴传递的最大功率为 5.5kW，所以机床功率足够，可以正常加工。

⑥ 校验机床进给系统强度。已知主切削力 $F_c=1012.5\text{N}$，径向切削力 F_p 按《切削手册》表 1.29 中的公式计算

$$F_p=C_{F_p}a_p^{x_{F_p}}f^{y_{F_p}}v_c^{n_{F_p}}k_{F_p}$$

其中，$C_{F_p}=1940$，$x_{F_p}=0.9$，$y_{F_p}=0.6$，$n_{F_p}=-0.3$

$$k_{Mp}=\left(\frac{R_m}{650}\right)^{n_F}=\left(\frac{600}{650}\right)^{1.35}=0.897$$

$$k_{kr}=0.5$$

所以

$$F_p=1940\times 1.5^{0.9}\times 0.5^{0.6}\times 114^{-0.3}\times 0.897\times 0.5\text{N}=195\text{N}$$

轴向切削力

$$F_f=C_{F_f}a_p^{x_{F_f}}f^{y_{F_f}}v_c^{n_{F_f}}k_{F_f}$$

其中，$C_{F_f}=2880$，$x_{F_f}=1.0$，$y_{F_f}=0.5$，$n_{F_f}=-0.4$

$$k_M=\left(\frac{R_m}{650}\right)^{n_F}=\left(\frac{600}{650}\right)^{1.0}=0.923$$

$$k_k=1.17$$

轴向切削力

$$F_f=2880\times 1.5\times 0.5^{0.5}\times 122^{-0.4}\times 0.923\times 1.17\text{N}=480\text{N}$$

取机床导轨与床鞍之间的摩擦因数 $\mu=0.1$，则切削力在纵向进给方向对进给机构的作用力为

$$\begin{aligned}F&=F_f+\mu(F_c+F_p)\\&=[480+0.1(1012.5+195)]\text{N}=600\text{N}\end{aligned}$$

而机床纵向进给机构可承受的最大纵向力为3530N，故机床进给系统可正常工作。

⑦ 切削工时。工时的计算公式为

$$t=\frac{l+l_1+l_2}{nf}$$

其中，$l=90\text{mm}$，$l_1=4\text{mm}$，$l_2=0\text{mm}$，所以

$$t=\frac{90+4}{560\times0.5}\text{min}=0.31\text{min}$$

3）车 $\phi60\text{mm}$ 外圆柱面。$a_p=1\text{mm}$、$f=0.5\text{mm/r}$（由《切削手册》表1.6可知，表面粗糙度 $Ra=6.3\mu\text{m}$，刀尖圆弧半径 $r_\varepsilon=1.0\text{mm}$）

切削速度 v_c

$$v_c=\frac{C_v}{T^m a_p^{x_v} f^{y_v}}k_v$$

其中，$C_v=242$，$m=0.2$，$T=60$，$x_v=0.15$，$y_v=0.35$，$k_M=1.44$，$k_k=0.81$，则

$$\begin{aligned}v_c&=\frac{242}{60^{0.2}\times1^{0.15}\times0.5^{0.35}}\times1.44\times0.81\text{m/min}\\&=159\text{m/min}\end{aligned}$$

$$n=\frac{1000v_c}{\pi d}=\frac{1000\times159}{\pi\times60}\text{r/min}\approx843\text{r/min}$$

按机床说明书取 $n=770\text{r/min}$，所以实际切削速度

$$v=145\text{m/min}$$

切削工时

$$t=\frac{l+l_1+l_2}{nf}$$

其中，$l=20\text{mm}$，$l_1=4\text{mm}$，$l_2=0\text{mm}$，所以

$$t=\frac{20+4}{770\times0.5}\text{min}=0.062\text{min}$$

4）车螺纹 M60×1mm。

① 切削速度的计算。见《切削手册》表1.9，刀具寿命 $T=60\text{min}$，采用高速钢螺纹车刀，规定粗车螺纹时 $a_p=0.17\text{mm}$，进给次数 $i=4$；精车螺纹时 $a_p=0.08\text{mm}$，进给次数 $i=2$。

$$v_c=\frac{C_v}{T^m a_p^{x_v} t_1^{y_v}}k_v\text{m/min}$$

其中，$C_v=11.8$，$m=0.11$，$x_v=0.70$，$y_v=0.3$，螺距 $t_1=1\text{mm}$，$k_M=\left(\frac{0.637}{0.6}\right)^{1.75}=1.11$，$k_k=0.75$，则

粗车螺纹时

$$v_c=\frac{11.8}{60^{0.11}\times0.17^{0.7}\times1^{0.3}}\times1.11\times0.75\text{m/min}=21.57\text{m/min}$$

精车螺纹时

$$v_c=\frac{11.8}{60^{0.11}\times0.08^{0.7}\times1^{0.3}}\times1.11\times0.75\text{m/min}=36.8\text{m/min}$$

② 确定主轴转速。粗车螺纹时

$$n_1 = \frac{1000v_c}{\pi D} = \frac{1000 \times 21.57}{\pi \times 60}\text{r/min} = 114.4\text{r/min}$$

按机床说明书取 $n = 96\text{r/min}$，所以实际切削速度

$$v = 18\text{m/min}$$

精车螺纹时

$$n_2 = \frac{1000v_c}{\pi D} = \frac{1000 \times 36.8}{\pi \times 60}\text{r/min} = 195\text{r/min}$$

按机床说明书取 $n = 184\text{r/min}$，所以实际切削速度

$$v = 34\text{m/min}$$

③ 切削工时。取切入长度 $l_1 = 3\text{mm}$，则

粗车螺纹工时

$$t_1 = \frac{l + l_1}{nf}i = \frac{15 + 3}{96 \times 1} \times 4\text{min} = 0.75\text{min}$$

精车螺纹工时

$$t_2 = \frac{l + l_1}{nf}i = \frac{15 + 3}{184 \times 1} \times 2\text{min} = 0.19\text{min}$$

所以车螺纹的总工时为 $t = t_1 + t_2 = 0.94\text{min}$

2. 工序Ⅱ

钻、扩花键底孔 ϕ43mm 及锪沉头孔 ϕ55mm，选用机床：转塔车床 C365L。

（1）钻孔 ϕ25mm

$$f = 0.41\text{mm/r}$$（见《切削手册》表 2.7）

$v = 12.25\text{m/min}$（见《切削手册》表 2.13 及表 2.14，按 5 类加工性质考虑）

$$n_s = \frac{1000v}{\pi d_w} = \frac{1000 \times 12.25}{\pi \times 25}\text{r/min} = 156\text{r/min}$$

按机床说明书取 $n_w = 136\text{r/min}$（按《工艺手册》表 4.2-2），所以实际切削速度

$$v = \frac{\pi d_w n_w}{1000} = \frac{\pi \times 25 \times 136}{1000}\text{m/min} = 10.68\text{m/min}$$

切削工时

$$t = \frac{l + l_1 + l_2}{n_w f} = \frac{150 + 10 + 4}{136 \times 0.41}\text{min} = 3\text{min}$$

其中，切入 $l_1 = 10\text{mm}$，切出 $l_2 = 4\text{mm}$，$l = 150\text{mm}$。

（2）扩孔 ϕ41mm　根据有关资料介绍，利用钻头进行扩钻时，其进给量与切削速度与钻同样尺寸的实心孔时进给量与切削速度的关系是

$$f = (1.2 \sim 1.8)f_{钻}$$

$$v = \left(\frac{1}{2} \sim \frac{1}{3}\right)v_{钻}$$

式中　$f_{钻}$、$v_{钻}$——加工实心孔时的切削用量。

现已知

$$f_{钻} = 0.56\text{mm/r}$$（《切削手册》表 2.7）

$$v_{钻} = 19.25\text{m/min}$$（《切削手册》表 2.13）

并令

$$f = 1.35f_{钻} = 0.756\text{mm/r}$$

按机床说明书取 $f = 0.76\text{mm/r}$，所以实际切削速度

$$v = 0.4v_{钻} = 7.7\text{m/min}$$

$$n_s = \frac{1000v}{\pi D} = \frac{1000 \times 7.7}{\pi \times 41} \text{r/min} = 59 \text{r/min}$$

按机床说明书取 $n_w = 58\text{r/min}$，所以实际切削速度为

$$v = \frac{\pi \times 41 \times 58}{1000} \text{m/min} = 7.47 \text{m/min}$$

当 $l_1 = 7\text{mm}$、$l_2 = 2\text{mm}$、$l = 150\text{mm}$，则切削工时

$$t = \frac{150 + 7 + 2}{0.76 \times 58} \text{min} = 3.61 \text{min}$$

（3）扩花键底孔 $\phi43\text{mm}$　根据《切削手册》表 2.10 规定，查得扩孔钻扩孔 $\phi43\text{mm}$ 时的进给量，并根据机床规格选

$$f = 1.24 \text{mm/r}$$

扩孔钻扩孔时的切削速度，根据其他有关资料，确定为

$$v = 0.4 v_{钻}$$

式中　$v_{钻}$——钻头钻同样尺寸实心孔时的切削速度。

所以

$$v = 0.4 \times 19.25 \text{m/min} = 7.7 \text{m/min}$$

$$n_s = \frac{1000 \times 7.7}{\pi \times 43} \text{r/min} = 57 \text{r/min}$$

按机床说明书取 $n_w = 58\text{r/min}$。

当 $l_1 = 3\text{mm}$、$l_2 = 1.5\text{mm}$、$l = 150\text{mm}$，则切削工时

$$t = \frac{150 + 3 + 1.5}{1.24 \times 58} \text{min} = 2.14 \text{min}$$

（4）锪圆柱式沉头孔 $\phi55\text{mm}$　根据有关资料介绍，锪沉头孔时进给量及切削速度为钻孔时的 1/3 ~ 1/2，故

$$f = 1/3 f_{钻} = 1/3 \times 0.6 \text{mm/r} = 0.2 \text{mm/r}$$

按机床说明书取 $f = 0.21\text{mm/r}$，所以实际切削速度

$$v = 1/3 v_{钻} = 1/3 \times 25 \text{m/min} = 8.33 \text{m/min}$$

$$n_s = \frac{1000v}{\pi D} = \frac{1000 \times 8.33}{\pi \times 55} \text{r/min} = 48 \text{r/min}$$

按机床说明书取 $n_w = 44\text{r/min}$，所以实际切削速度

$$v = \frac{\pi D n_w}{1000} = \frac{\pi \times 55 \times 44}{1000} \text{m/min} = 7.60 \text{m/min}$$

当 $l_1 = 2\text{mm}$、$l_2 = 0\text{mm}$、$l = 8\text{mm}$，则切削工时

$$t = \frac{8 + 2}{44 \times 0.21} \text{min} = 1.08 \text{min}$$

在本工步中，加工 $\phi55\text{mm}$ 沉头孔的测量长度，由于工艺基准与设计基准不重合，故需要进行尺寸换算。按图样要求，加工完毕后应保证尺寸 45mm。

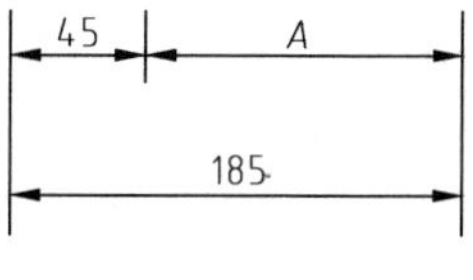

尺寸链如图 2-2 所示，尺寸 45mm 为终结环（封闭环），给定尺寸 185mm 及 45mm，由于基准不重合，加工时应保证尺寸 A，则

$$A = (185 - 45) \text{mm} = 140 \text{mm}$$

图 2-2　$\phi55\text{mm}$ 孔深的尺寸换算

规定公差值。因终结环公差等于各组成环公差之和，即

$$T_{(45)} = T_{(185)} + T_{(140)}$$

现由于本尺寸链较简单，故分配公差采用等公差法。尺寸 45mm 按自由尺寸公差等级 IT16，其公差 $T_{(45)} = 1.6\text{mm}$，并令 $T_{(185)} = T_{(140)} = 0.8\text{mm}$

3. 工序Ⅲ

$\phi43\text{mm}$ 内孔 $5 \times 30°$ 倒角，选用卧式车床 CA6140。由于最后的切削宽度很大，故按成形车削确定进给

量。根据手册及机床说明书取

$$f=0.08\text{mm/r}\ (\text{见《切削手册》表 1.8})$$

当采用高速钢车刀时，根据一般资料，确定切削速度 $v=16\text{m/min}$，则

$$n_s=\frac{1000v}{\pi D}=\frac{1000\times16}{\pi\times43}\text{r/min}=118\text{r/min}$$

按机床说明书取 $n_w=125\text{r/min}$，所以实际切削速度

$$v=\frac{\pi Dn_w}{1000}=\frac{\pi\times43\times125}{1000}\text{m/min}=16.8\text{m/min}$$

当 $l=5\text{mm}$、$l_1=3\text{mm}$，则切削工时

$$t=\frac{l+l_1}{n_w f}=\frac{5+3}{125\times0.08}\text{min}=0.83\text{min}$$

4. 工序Ⅳ

Rc1/8 钻锥螺纹底孔，ϕ8.8mm。

$$f=0.11\text{mm/r}\ (\text{见《切削手册》表 2.7})$$

$$v=25\text{m/min}\ (\text{见《切削手册》表 2.13})$$

所以

$$n=\frac{1000v}{\pi D}=\frac{1000\times25}{\pi\times8.8}\text{r/min}=904\text{r/min}$$

按机床说明书取 $n_w=680\text{r/min}$（《切削手册》表 2.35），所以实际切削速度

$$v=\frac{\pi Dn_w}{1000}=\frac{\pi\times8.8\times680}{1000}\text{m/min}=18.8\text{m/min}$$

当 $l=11\text{mm}$、$l_1=4\text{mm}$、$l_2=3\text{mm}$，则切削工时

$$t=\frac{l+l_1+l_2}{n_w f}=\frac{11+4+3}{680\times0.11}\text{min}=0.24\text{min}$$

5. 工序Ⅴ：拉花键孔

单面齿升：根据有关手册，确定拉花键孔时花键拉刀的单面齿升为 0.06mm，拉削速度 $v=0.06\text{m/s}$（3.6m/min）。

切削工时

$$t=\frac{Z_b l\eta k}{1000vf_z z}$$

式中 Z_b——单面余量 3.5mm（由 ϕ43mm 拉削到 ϕ50mm）；

l——拉削表面长度，140mm；

η——考虑校准部分的长度系数，取 1.2；

k——考虑机床返回行程系数，取 1.4；

v——拉削速度（m/min）；

f_z——拉刀单面齿升；

z——拉刀同时工作齿数，$z=l/p$；

p——拉刀齿距。

$$p=(1.25\sim1.5)\sqrt{l}=1.35\sqrt{140}\text{mm}=16\text{mm}$$

所以拉刀同时工作齿数

$$z=\frac{l}{p}=\frac{140}{16}\approx9$$

所以

$$t=\frac{3.5\times140\times1.2\times1.4}{1000\times3.6\times0.06\times9}\text{min}=0.42\text{min}$$

6. 工序Ⅵ：粗铣 ϕ39mm 两孔端面，保证尺寸$118.4_{-0.22}^{\ 0}$mm

$$f_z = 0.08\text{mm/齿（参考《切削手册》表 3.3）}$$

切削速度：参考有关手册，确定 $v=0.45\text{m/s}$，即 27m/min。

采用高速钢镶齿三面刃铣刀，$d_w=225\text{mm}$，齿数 $z=20$，则

$$n_s = \frac{1000v}{\pi d_w} = \frac{1000\times 27}{\pi\times 225}\text{r/min} = 38\text{r/min}$$

现采用 X63 卧式铣床，根据机床使用说明书（见《工艺手册》表 4.2-39），取 $n_w=37.5\text{r/min}$，故实际切削速度为

$$v = \frac{\pi d_w n_w}{1000} = \frac{\pi\times 225\times 37.5}{1000}\text{m/min} = 26.5\text{m/min}$$

当 $n_w=37.5\text{r/min}$ 时，工作台的每分钟进给量 f_m 应为

$$f_m = f_z z n_w = 0.08\times 20\times 37.5\text{mm/min} = 60\text{mm/min}$$

查机床说明书，刚好有 $f_m=60\text{mm/min}$，故直接选用此值。

切削工时：由于是粗铣，故整个铣刀刀盘不必铣过整个工件，利用作图法，可得出铣刀的行程 $l+l_1+l_2=105\text{mm}$，则切削工时为

$$t = \frac{l+l_1+l_2}{f_m} = \frac{105}{60}\text{min} = 1.75\text{min}$$

7. 工序Ⅶ：钻、扩 ϕ39mm 两孔及倒角

（1）钻孔 ϕ25mm　确定进给量 f：根据《切削手册》表 2.7，当钢的 $R_m<800\text{MPa}$，$d_0=25\text{mm}$ 时，$f=0.39\sim0.47\text{mm/r}$。由于本零件在加工 ϕ25mm 孔时属于低刚度零件，故进给量应乘以系数 0.75，则

$$f = (0.39\sim0.47)\times 0.75\text{mm/r} = 0.29\sim0.35\text{mm/r}$$

根据 Z535 机床说明书，现取 $f=0.25\text{mm/r}$。

切削速度：根据《切削手册》表 2.13 及表 2.14，查得切削速度 $v_w=18\text{m/min}$，所以

$$n_s = \frac{1000v_w}{\pi d_w} = \frac{1000\times 18}{\pi\times 25}\text{r/min} = 229\text{r/min}$$

按机床说明书取 $n_w=195\text{r/min}$，故实际切削速度为

$$v = \frac{195\times\pi\times 25}{1000}\text{m/min} = 15.3\text{m/min}$$

当 $l=19\text{mm}$、$l_1=9\text{mm}$、$l_2=3\text{mm}$，则切削工时

$$t_{m1} = \frac{l+l_1+l_2}{n_w f} = \frac{19+9+3}{195\times 0.25}\text{min} = 0.635\text{min}$$

以上为钻一个孔时的切削工时。故本工序的切削工时为

$$t_m = t_{m1}\times 2 = 0.635\times 2\text{min} = 1.27\text{min}$$

（2）扩孔 ϕ37mm　利用 ϕ37mm 的钻头对 ϕ25mm 的孔进行扩钻。根据有关手册的规定，扩钻的切削用量可根据钻孔的切削用量选取，即

$$\begin{aligned} f &= (1.2\sim1.8)f_{钻} = (1.2\sim1.8)\times 0.65\times 0.75\text{mm/r} \\ &= 0.585\sim0.88\text{mm/r} \end{aligned}$$

根据机床说明书取 $f=0.57\text{mm/r}$。

$$\begin{aligned} v &= \left(\frac{1}{3}\sim\frac{1}{2}\right)v_{钻} = \left(\frac{1}{3}\sim\frac{1}{2}\right)\times 12\text{m/min} \\ &= 4\sim6\text{m/min} \end{aligned}$$

按机床说明书取 $n_w=68\text{r/min}$，所以实际切削速度为

$$v = \frac{\pi d_w n_w}{1000} = \frac{\pi\times 37\times 68}{1000}\text{m/min} = 7.9\text{m/min}$$

当 $l=19\text{mm}$、$l_1=6\text{mm}$、$l_2=3\text{mm}$，则切削工时（一个孔）

$$t_1=\frac{19+6+3}{68\times0.57}\text{min}=0.72\text{min}$$

所以扩钻两个孔时的切削工时为

$$t=0.72\times2\text{min}=1.44\text{min}$$

（3）扩孔 $\phi38.7\text{mm}$

采用刀具：$\phi38.7\text{mm}$ 专用扩孔钻。

进给量 $f=(0.9\sim1.2)\times0.7\text{mm/r}$（《切削手册》表 2.10）$=0.63\sim0.84\text{mm/r}$。

查机床说明书取 $f=0.72\text{mm/r}$。

机床主轴转速取 $n=68\text{r/min}$，则其切削速度 $v=8.26\text{m/min}$。

当 $l=19\text{mm}$、$l_1=3\text{mm}$、$l_2=3\text{mm}$，则切削工时

$$t_1=\frac{19+3+3}{68\times0.72}\text{min}=0.51\text{min}$$

当加工两个孔时

$$t=0.51\times2\text{min}=1.02\text{min}$$

（4）倒角 $C2$ 双面

采用 90°锪钻。

为缩短辅助时间，取倒角时的主轴转速与扩孔时间相同，故

$$n=68\text{r/min}$$

手动进给。

8. 工序Ⅷ

精、细镗 $\phi39^{+0.027}_{-0.010}\text{mm}$ 两孔，选用 T740 金刚镗床。

（1）精镗孔至 $\phi38.9\text{mm}$　单边余量 $Z=0.1\text{mm}$，一次镗去全部余量，$a_p=0.1\text{mm}$。

进给量　$f=0.1\text{mm/r}$

根据有关手册，确定金刚镗床的切削速度 $v=100\text{m/min}$，则

$$n_w=\frac{1000v}{\pi D}=\frac{1000\times100}{\pi\times38.9}\text{r/min}=818\text{r/min}$$

由于 T740 金刚镗床主轴转速为无级调速，故以上转速可以作为加工时使用的转速。

当加工一个孔时，$l=19\text{mm}$、$l_1=3\text{mm}$、$l_2=4\text{mm}$，则切削工时

$$t_1=\frac{19+3+4}{818\times0.1}\text{min}=0.32\text{min}$$

所以加工两个孔时的切削工时为

$$t=0.32\times2\text{min}=0.64\text{min}$$

（2）细镗孔至 $\phi39^{+0.027}_{-0.010}\text{mm}$　由于细镗与精镗孔共用一个镗杆，利用金刚镗床同时对工件精、细镗孔，故切削用量及工时均与精镗相同

$$a_p=0.05\text{mm}$$
$$f=0.1\text{mm/r}$$
$$n_w=818\text{r/mm},\ v=100\text{m/min}$$
$$t=0.64\text{min}$$

9. 工序Ⅸ：磨 $\phi39\text{mm}$ 两孔端面，保证尺寸 $118^{\ 0}_{-0.07}\text{mm}$

（1）选择砂轮　见《工艺手册》第 3 章中磨料选择各表，结果为

WA46KV6P350×40×127

其含义为：砂轮磨料为白刚玉，粒度 F46，硬度为中软 1 级，陶瓷结合剂，6 号组织，平型砂轮，其尺寸为 350mm×40mm×127mm（$D\times B\times d$）。

（2）切削用量的选择　砂轮转速 $n_{砂}=1500\text{r/min}$（见机床说明书），$v_{砂}=27.5\text{m/s}$。

轴向进给量 $f_a=0.5B=20\text{mm}$（双行程）。

工件速度 $v_w=10\text{m/min}$。

径向进给量 $f_r=0.015\text{mm/}$双行程。

（3）切削工时　当加工一个表面时

$$t_1=\frac{2LbZ_bK}{1000vf_af_r}\text{（参见《工艺手册》表 6.2-8 中类似公式）}$$

式中　L——加工长度（mm），取 73mm；

b——加工宽度（mm），取 68mm；

Z_b——单面加工余量（mm），取 0.2mm；

K——系数，取 1.10；

v——工作台移动速度（m/min）；

f_a——工作台往返一次砂轮轴向进给量（mm）；

f_r——工作台往返一次砂轮径向进给量（mm）。

$$t_1=\frac{2\times73\times68\times0.2\times1.1}{1000\times10\times20\times0.015}=\frac{2184}{3000}\text{min}=0.728\text{min}$$

当加工两端面时

$$t_m=0.728\times2\text{min}=1.456\text{min}$$

10. 工序 X

钻螺纹底孔 $4\times\phi6.7\text{mm}$ 并倒角 120°。

$$f=0.2\times0.50\text{mm/r}=0.1\text{mm/r}(\text{《切削手册》表2.7})$$

$$v=20\text{m/min}(\text{《切削手册》表2.13及表2.14})$$

$$n_s=\frac{1000v}{\pi D}=\frac{1000\times20}{\pi\times6.7}\text{r/min}=950\text{r/min}$$

按机床说明书取 $n_w=960\text{r/min}$，故 $v=20.2\text{m/min}$。

当 $l=19\text{mm}$、$l_1=3\text{mm}$、$l_2=1\text{mm}$，则切削工时（4 个孔）

$$t_m=\frac{l+l_1+l_2}{n_wf}\times4=\frac{19+3+1}{960\times0.1}\times4\text{min}=0.96\text{min}$$

倒角仍取 $n_w=960\text{r/min}$。手动进给。

11. 工序 XI

攻螺纹 4×M8 及 Rc1/8 锥螺纹。

由于公制螺纹 M8 与 Rc1/8 锥螺纹外径相差无几，故切削用量一律按加工 M8 选取

$$v=0.1\text{m/s}=6\text{m/min}$$

$$n_s=238\text{r/min}$$

按机床说明书取 $n_w=195\text{r/min}$，则 $v=4.9\text{m/min}$。

当 $l=19\text{mm}$、$l_1=3\text{mm}$、$l_2=3\text{mm}$，则切削工时

攻 M8 孔　$$t_{m1}=\frac{(l+l_1+l_2)2}{nf}\times4=\frac{(19+3+3)\times2}{195\times1}\times4\text{min}=1.02\text{min}$$

当 $l=11\text{mm}$、$l_1=3\text{mm}$、$l_2=0\text{mm}$，则切削工时

攻 Rc1/8 孔　$$t_{m2}=\frac{l+l_1+l_2}{nf}\times2=\frac{11+3}{195\times0.94}\times2\text{min}=0.15\text{min}$$

最后，将以上各工序切削用量、工时定额的计算结果，连同其他加工数据，一并填入机械加工工艺过程综合卡片，见附表 1。

2.4 夹具设计

为了提高劳动生产率，保证加工质量，降低劳动强度，需要设计专用夹具。

本章以第Ⅵ道工序——粗铣 ϕ39mm 两孔端面的铣床夹具设计为例。本夹具将用于 X63 卧式铣床。刀具为两把高速钢镶齿三面刃铣刀，对工件的两个端面同时进行加工。

2.4.1 问题的提出

本夹具主要用来粗铣 ϕ39mm 两孔的两个端面，这两个端面对 ϕ39mm 孔及花键孔都有一定的技术要求。但加工本道工序时，ϕ39mm 孔尚未加工，而且这两个端面在工序Ⅺ还要进行磨加工。因此，在本道工序加工时，主要应考虑如何提高劳动生产率，降低劳动强度，而精度不是主要考虑的问题。

2.4.2 夹具的设计

1. 定位基准的选择

由零件图可知，ϕ39mm 两孔端面应对花键孔中心线有平行度及对称度要求，其设计基准为花键孔中心线。为了使定位误差为零，应该选择以花键孔定位的自动定心夹具。但这种自动定心夹具在结构上过于复杂，因此这里只选用花键孔为主要定位基面。

为了提高加工效率，现决定用两把镶齿三面刃铣刀对两个 ϕ39mm 孔端面同时进行加工。同时，为了缩短辅助时间，采用气动夹紧。

2. 切削力及夹紧力计算

刀具：高速钢镶齿三面刃铣刀，ϕ225mm，$z=20$。

$$F_c=\frac{C_F a_p^{x_F} f_z^{y_F} a_e^{u_F} z}{d_0^{q_F} n^{w_F}}\text{（见《切削手册》表3.28）}$$

其中，$C_F=650$，$a_p=3.1\text{mm}$，$x_F=1.0$，$f_z=0.08\text{mm}$，$y_F=0.72$，$a_e=40\text{mm}$（在加工面上测量的近似值），$u_F=0.86$，$d_0=225\text{mm}$，$q_F=0.86$，$w_F=0$，$z=20$。

所以 $$F_c=\frac{650\times3.1\times0.08^{0.72}\times40^{0.86}\times20}{225^{0.86}}\text{N}=1456\text{N}$$

当用两把刀铣削时 $$F_{实}=2F=2912\text{N}$$

水平分力 $$F_H=1.1F_{实}=3203\text{N}$$

垂直分力 $$F_V=0.3F_{实}=873\text{N}$$

在计算切削力时，必须把安全系数考虑在内。

安全系数

$$K=K_1K_2K_3K_4$$

式中 K_1——基本安全系数，取 1.5；

K_2——加工性质系数，取 1.1；

K_3——刀具钝化系数，取 1.1；

K_4——断续切削系数，取 1.1。

所以 $$F'=KF_H=1.5\times1.1\times1.1\times1.1\times3203\text{N}=6395\text{N}$$

选用气缸-斜楔夹紧机构，楔角 $\alpha=10°$，其结构形式选用Ⅳ型，则扩力比 $i=3.42$。

为克服水平切削力，实际夹紧力 N 应为

$$N(f_1+f_2)=KF_H$$

所以
$$N = \frac{KF_{H}}{f_1 + f_2}$$

式中　f_1、f_2——夹具定位面及夹紧面上的摩擦因数，$f_1 = f_2 = 0.25$。

所以
$$N = \frac{6395}{0.5}\text{N} = 12790\text{N}$$

气缸选用 $\phi100$mm。当压缩空气单位压力 $p = 0.5$MPa 时，气缸推力为 3900N。由于已知斜楔机构的扩力比 $i = 3.42$，故由气缸生产的实际夹紧力为

$$N_{气} = 3900 \times 3.42\text{N} = 13338\text{N}$$

此时，$N_{气}$已大于所需的 12790N 的夹紧力，故本夹具可安全工作。

3. 定位误差分析

1）定位元件尺寸及公差的确定。夹具的主要定位元件为一花键轴，该定位花键轴的尺寸与公差规定为与本零件在工作时与其相配花键轴的尺寸与公差相同，即 16×43H11×50H8×5H10。

2）零件图样规定 $\phi 50^{+0.039}_{0}$mm 花键孔键槽宽中心线与 $\phi 39^{+0.027}_{-0.010}$mm 两孔中心线转角公差为 2°。由于 $\phi39$mm 孔中心线应与其外端面垂直，故要求 $\phi39$mm 两孔端面的垂线应与 $\phi50$mm 花键孔键槽宽中心线转角公差为 2°。此项技术要求主要应由花键槽宽配合中的侧向间隙保证。

已知花键孔键槽宽为 $5^{+0.048}_{0}$mm，夹具中定位花键轴键宽为 $5^{-0.025}_{-0.065}$mm，因此当零件安装在夹具中时，键槽处的最大间隙为

$$\Delta b_{max} = 0.048\text{mm} - (-0.065\text{mm}) = 0.113\text{mm}$$

由此而引起的零件最大转角 α 为

$$\tan\alpha = \frac{\Delta b_{max}}{R} = \frac{0.113}{25} = 0.00452$$

所以
$$\alpha = 0.258°$$

即最大侧隙能满足零件的精度要求。

3）计算 $\phi39$mm 两孔外端面铣加工后与花键孔中心线的最大平行度误差。

零件花键孔与定位心轴外径的最大间隙为

$$\Delta_{max} = 0.048\text{mm} - (-0.083\text{mm}) = 0.131\text{mm}$$

当定位花键轴的长度取 100mm 时，则由上述间隙引起的最大倾角为 0.131/100。此即为由于定位问题而引起的 $\phi39$mm 孔端面对花键孔中心线的最大平行度误差。由于 $\phi39$mm 孔外端面以后还要进行磨削加工，故上述平行度误差值可以允许。

4. 夹具设计及操作的简要说明

如前所述，在设计夹具时，应该注意提高劳动生产率。为此，应首先着眼于机动夹紧而不采用手动夹紧。因为这是提高劳动生产率的重要途径。本道工序的铣床夹具就选择了气动夹紧方式。本工序由于是粗加工，切削力较大，为了夹紧工件，势必要增大气缸直径，而这样将使整个夹具过于庞大。因此，一是设法降低切削力；二是选择一种比较理想的斜楔夹紧机构，尽量增加该夹紧机构的扩力比；三是在可能的情况下，适当提高压缩空气的工作压力（由 0.4MPa 增至 0.5MPa），以增加气缸推力。结果，本夹具总的感觉还比较紧凑。

夹具上装有对刀块，可使夹具在一些零件加工之前能很好地对刀（与塞尺配合使用）；同时，夹具体底面上的一对定位键可使整个夹具在机床工作台上有一正确的安装位置，以利于铣削加工。

铣床夹具的装配图及夹具体零件图分别参见第 42、43、44 页的附图 3 及附图 4。

附表1　机械加工工艺过程综合卡片

×××大学	零件号		材料	45钢	编制		（日期）
机械加工工艺过程综合卡片	零件名称	万向节滑动叉	毛坯质量	6kg	指导		
	生产类型	大批生产	毛坯种类	模锻件	审核		

工序	安装工位	工步	工序说明	工序简图	机床	夹具或辅助工具	刀具	量具	走刀次数	走刀长度/mm	切削深度/mm	进给量/(mm/r)	主轴转速/(r/min)	切削速度/(m/min)	工时定额/min 基本时间	辅助时间	工作地服务时间
Ⅰ	1	1	粗车端面至φ30mm，保证尺寸 $185_{-0.46}^{\ 0}$ mm	$185_{-0.46}^{\ 0}$ Q 2 Rz 200 C1.5 Ra 6.3 φ62 M60×1 φ30 Rz 200 15 20 90 Q 4	卧式车床CA-6140	专用夹具	YT15外圆车刀		2	17.5	3	0.5	560	114	0.097		
		2	粗车φ62mm外圆					卡板	1	94	1.5	0.5	560	114	0.34		
		3	车φ60mm外圆						1	24	1	0.5	770	145	0.06		
		4	车M60×1mm螺纹				W18Cr4V螺纹车刀	螺纹量规	4	18	0.17	1	96	18	0.75		
			粗车螺纹														
		5	精车螺纹						2	18	0.08	1	184	34	0.19		
Ⅱ	1		钻、扩花键底孔φ43mm及锪沉头孔φ55mm	Q 4 1 Rz 50 φ43 φ55 Ra 6.3 Q $140_{-0.7}^{\ 0}$ Ra 6.3	转塔车床C365L	专用夹具		卡尺									
			钻孔φ25mm				麻花钻φ25mm		1	164	12.5	0.41	136	10.68	3		
		1	扩孔φ41mm				麻花钻φ41mm		1	159	8	0.76	58	7.47	3.61		
		2	扩花键底孔φ43mm				扩孔钻φ43mm		1	154.5	1	1.24	58	7.7	2.14		
		3	锪圆柱式沉头孔φ55mm				锪钻φ55mm		1	10	6	0.21	44	7.6	1.08		
		4															

Ⅲ	1	1	ϕ43mm 内孔倒角 5×30°	Rz 50 5 60° Q 4 1 Q	卧式车床 CA-6140	专用夹具	成形车刀	样板	1	8		0.08	125	16.8	0.83		
Ⅳ	1	1	钻 Rc1/8 锥螺纹底孔(ϕ8.8mm)	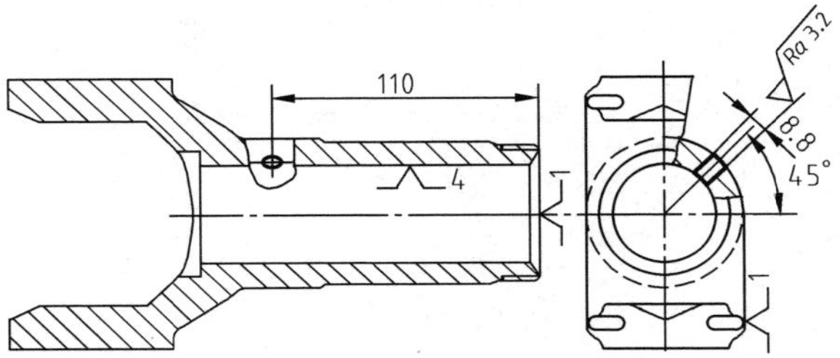 110 4 1 Ra 3.2 8.8 45° 1	立式钻床 Z525	专用夹具	麻花钻头 ϕ8.8mm		1	18	4.4	0.11	680	18.8	0.24		

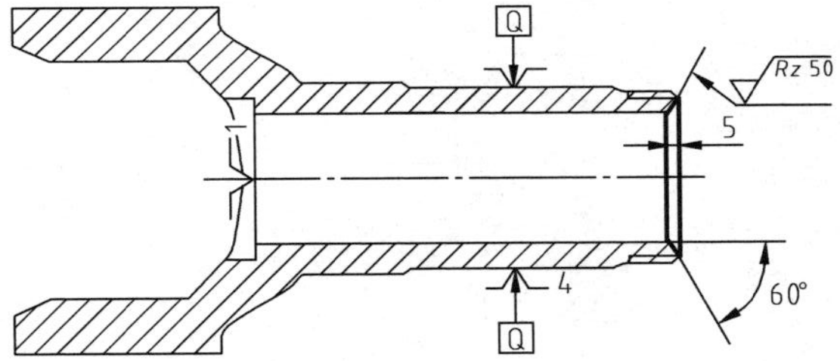

（续）

×××大学	零 件 号		材料	45 钢	编制		（日期）
机械加工工艺过程综合卡片	零件名称	万向节滑动叉	毛坯质量	6kg	指导		
	生产类型	大批生产	毛坯种类	模锻件	审核		

工序	安装工位	工步	工序说明	工序简图	机床	夹具或辅助工具	刀具	量具	走刀次数	走刀长度/mm	切削深度/mm	进给量/(mm/r)	主轴转速/(r/min)	切削速度/(m/min)	工时定额/min		
															基本时间	辅助时间	工作地服务时间
Ⅴ	1	1 2 3 4	拉花键孔 16 × 43H11 × 50H8 × 5H10	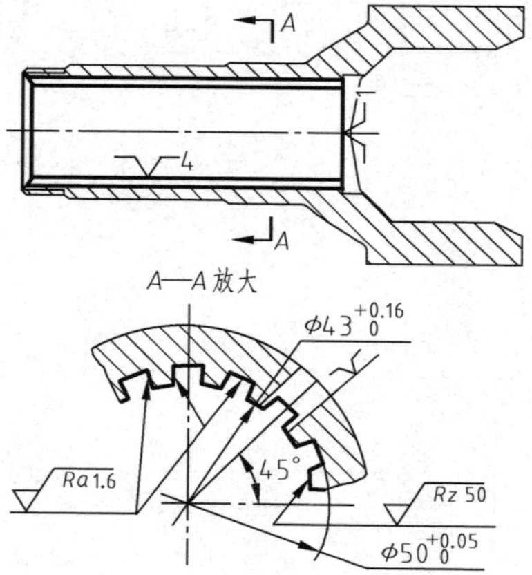 A—A 放大 $\phi43^{+0.16}_{0}$ 45° Ra1.6 Rz 50 $\phi50^{+0.05}_{0}$	卧式拉床 L6120	专用夹具	花键拉刀	花键量规	1			0.06 mm/齿		3.6	0.42		
Ⅵ	1	1	粗铣 ϕ39mm 两孔端面，保证尺寸 $118.4_{-0.22}^{0}$ mm	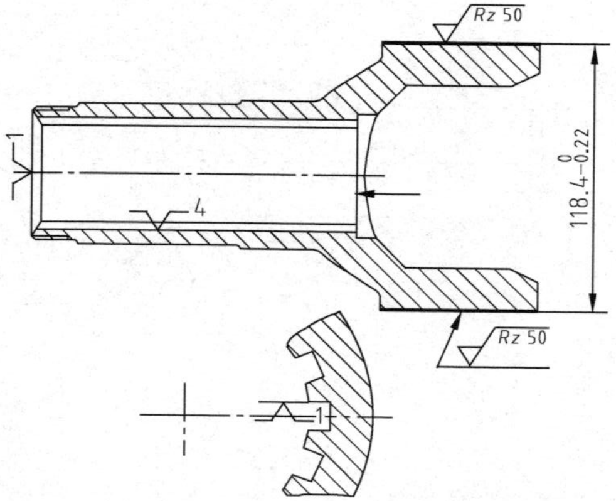 Rz 50 $118.4_{-0.22}^{0}$	卧式铣床 X6032	专用夹具	高速钢镶齿三面刃铣刀 ϕ255mm	卡板	1	105	3.1	60mm/min	37.5	26.5	1.75		

Ⅶ	1 2	1 2 3 4 1	钻、扩 ϕ39mm 两孔及倒角 钻孔 ϕ25mm 扩孔 ϕ37mm 扩孔 ϕ38.7mm 倒角 $C2$ 倒角 $C2$	185 Rz 50 C2 Rz 50 1 5 ϕ38.7	立式钻床 Z535	专用夹具	麻花钻 ϕ25mm 麻花钻 ϕ37mm 扩孔钻 ϕ38.7mm 90°锪钻 90°锪钻		1 1 1 1 1	62 56 50	12.5 6 0.85	0.25 0.57 0.72	195 68 68 68 68	15.3 7.9 8.26	1.27 1.44 1.02		
Ⅷ	1	1 2	精镗、细镗 $\phi 39^{+0.027}_{-0.01}$ mm两孔 精镗孔 ϕ38.9mm 细镗孔 $\phi 39^{+0.027}_{-0.01}$ mm	185 Ra 3.2 1 5 $\phi 39^{+0.027}_{-0.01}$	金刚镗床 T740	专用夹具	YT30 镗刀	塞规	1 1	52 52	0.1 0.05	0.1 0.1	818 818	100 100	0.64 0.64		

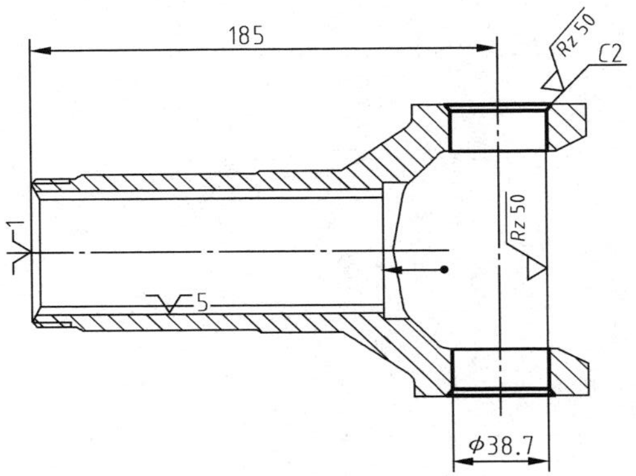

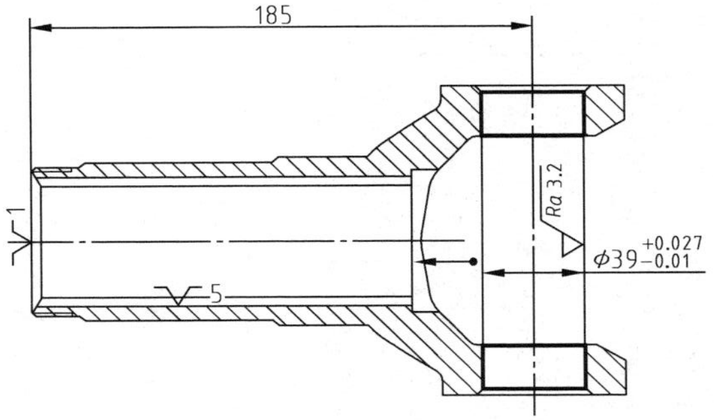

（续）

×××大学	零件号		材料	45钢	编制		（日期）
机械加工工艺过程综合卡片	零件名称	万向节滑动叉	毛坯质量	6kg	指导		
	生产类型	大批生产	毛坯种类	模锻件	审核		

工序	安装工位	工步	工序说明	工序简图	机床	夹具或辅助工具	刀具	量具	走刀次数	走刀长度/mm	切削深度/mm	进给量/(mm/r)	主轴转速/(r/min)	切削速度/(m/min)	工时定额/min 基本时间	工时定额/min 辅助时间	工时定额/min 工作地服务时间
IX			磨 ϕ39mm 两孔端面		平面磨床 M7130	专用夹具	砂轮 WA46KV6P 350×40×127	卡板									
	1	1	磨上端面							73				27.5 m/s	0.728		
	2	1	磨另一端面							73				27.5 m/s	0.728		
X			钻螺纹底 4×ϕ6.7mm 并倒角		立式钻床 Z525	专用夹具											
	1	1	钻孔 2×ϕ6.7mm				麻花钻 ϕ6.7mm		1	23	3.35	0.1	960	20.2	0.48		
	2	1	钻孔 2×ϕ6.7mm				麻花钻 ϕ6.7mm		1	23	3.35	0.1	960	20.2	0.48		
		2	倒角				锪钻 120°		1				960				
	3	1	倒角				锪钻 120°		1				960				

XI	 1 2 3	 1 1 1	攻螺纹 4 × M8 及 Rc1/8 锥螺纹孔 攻螺纹 2 × M8 攻螺纹 2 × M8 攻锥螺纹 Rc1/8	4×M8 11.5 11.5 A A 5 A—A 放大 Rc1/8	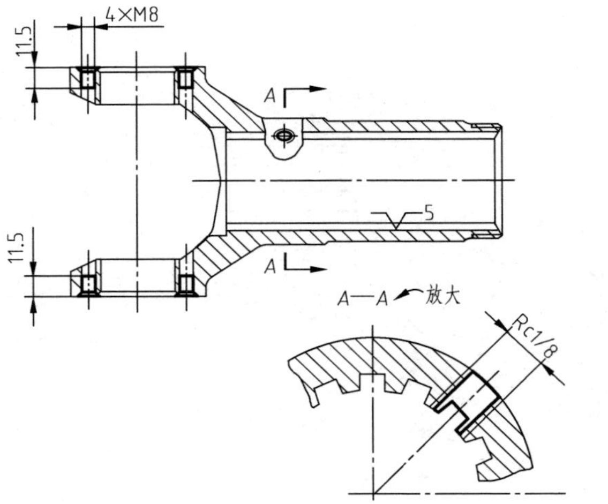 立式钻床 Z525	专用夹具	M8 丝锥 M8 丝锥 Rc1/8 丝锥	卡尺	1 1 1	25 25 25		1 1 0.94	195 195 195	4.9 4.9 4.9	0.51 0.51 0.15	
XII			冲箭头 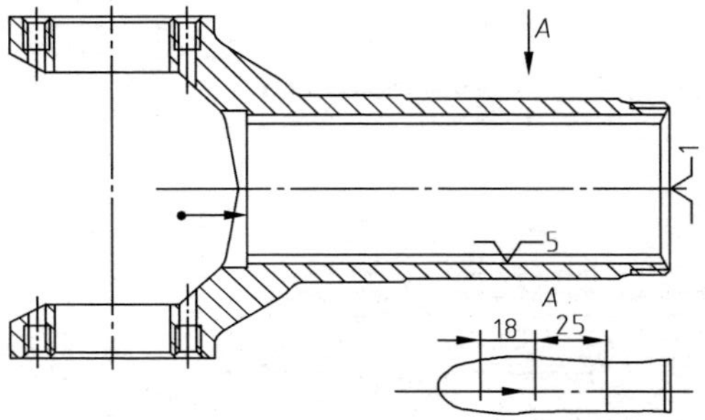	A 1 5 A 18 25												
XIII			检查													

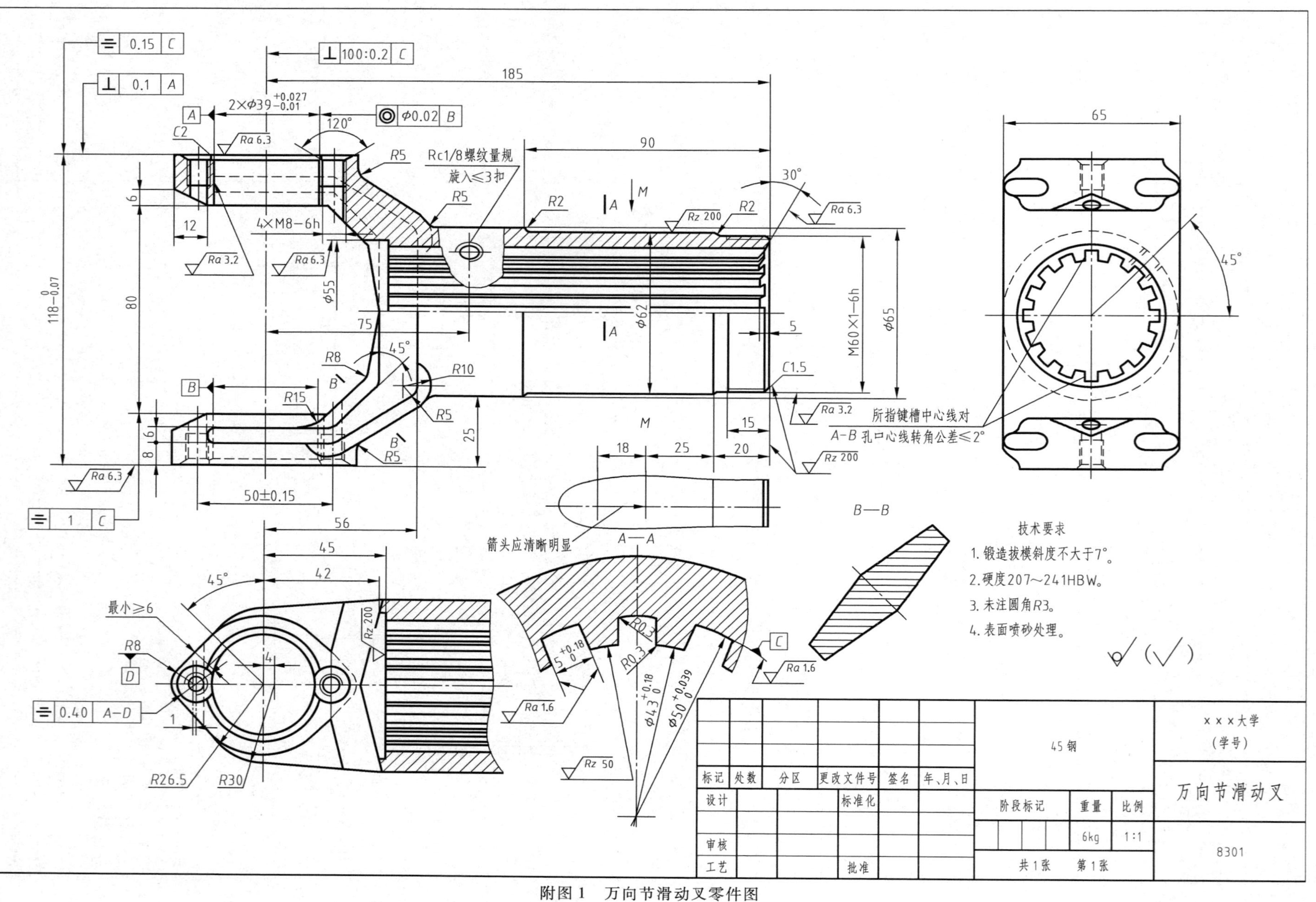

附图 1　万向节滑动叉零件图

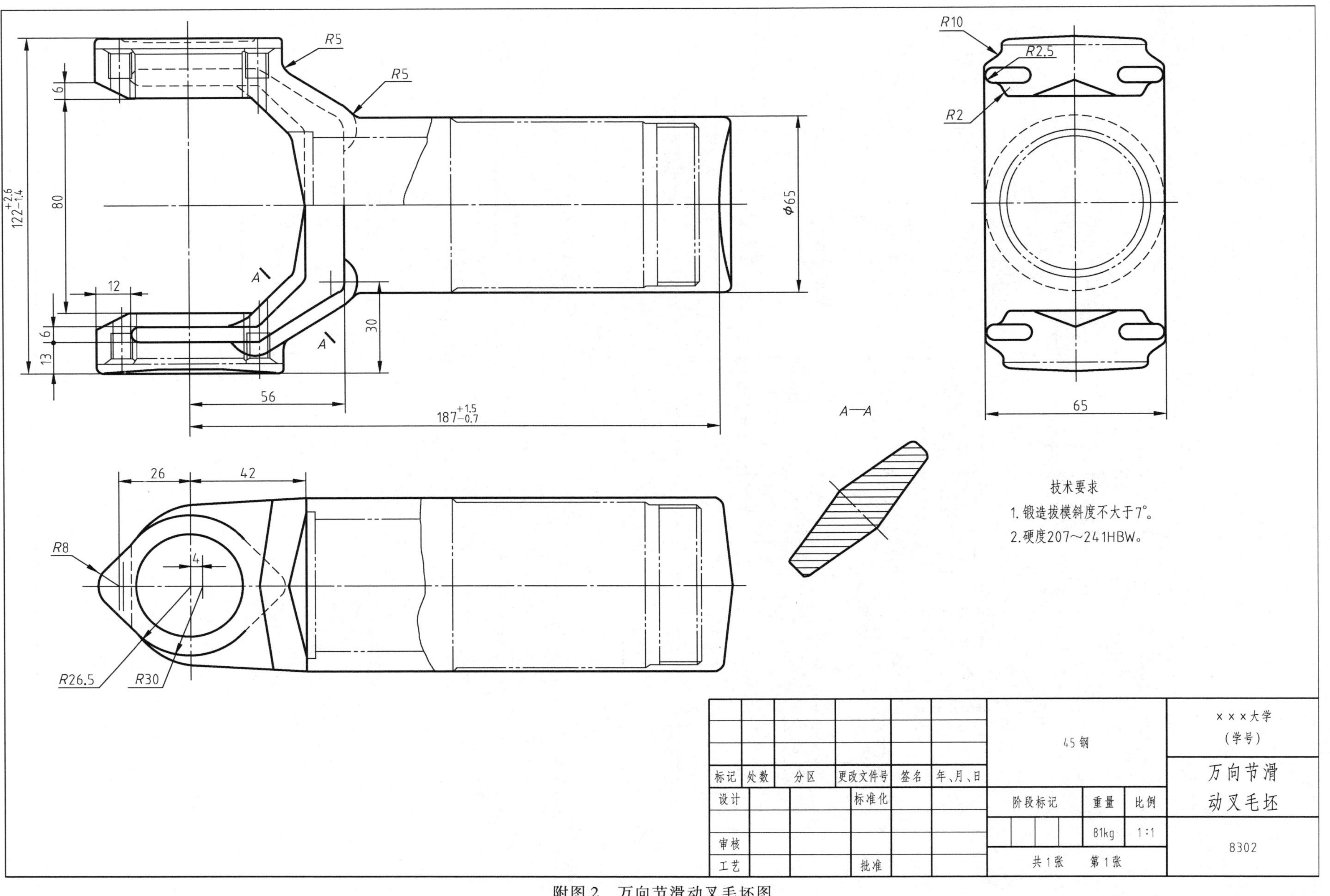

附图 2 万向节滑动叉毛坯图

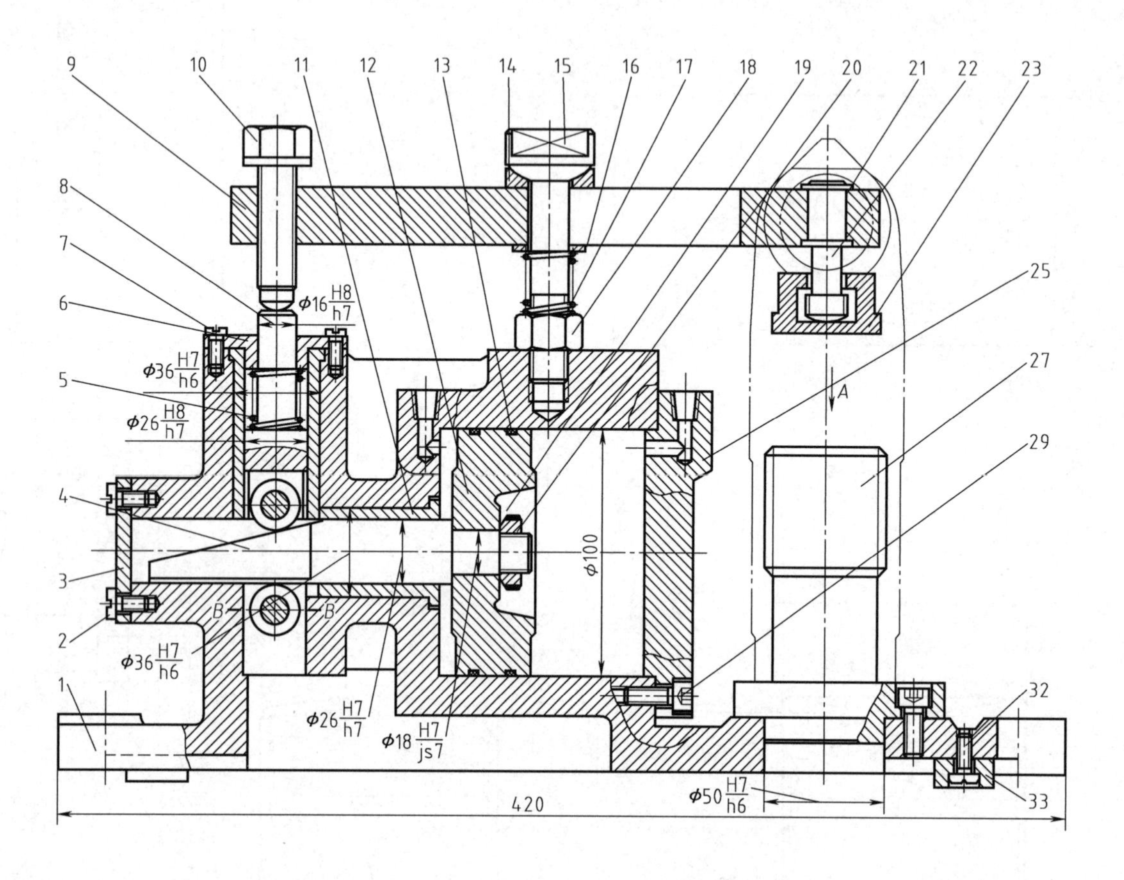
9
10
11
12
13
14
15
16
17
18
19
20
21
22
23
8
7
6
5
4
3
2
1
25
27
29
32
33
A
B
B
φ16 H8/h7
φ36 H7/h6
φ26 H8/h7
φ36 H7/h6
φ26 H7/h7
φ18 H7/js7
φ100
φ50 H7/h6
420

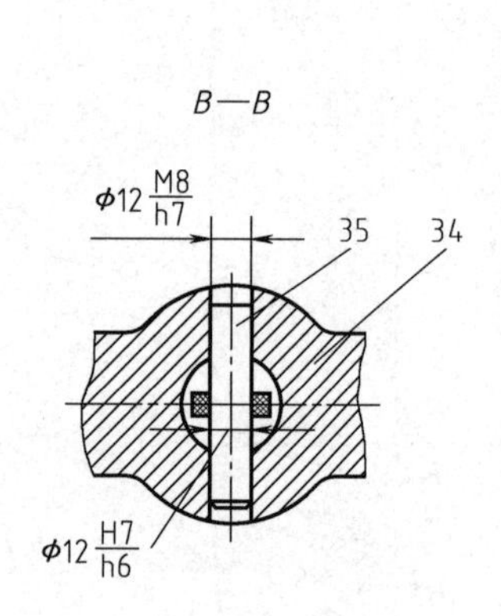
B—B
φ12 M8/h7
35
34
φ12 H7/h6

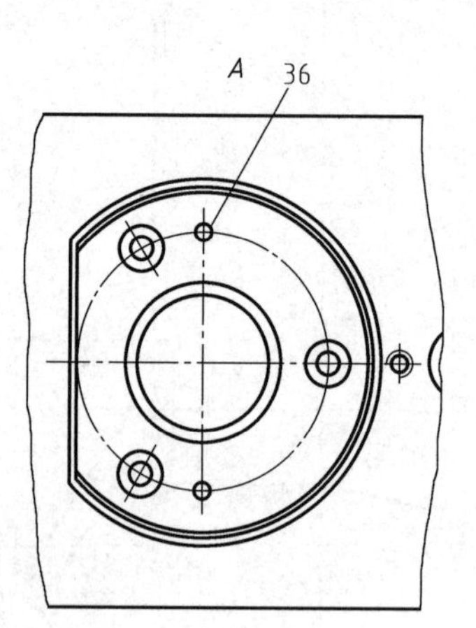
A
36

附图 3　铣床

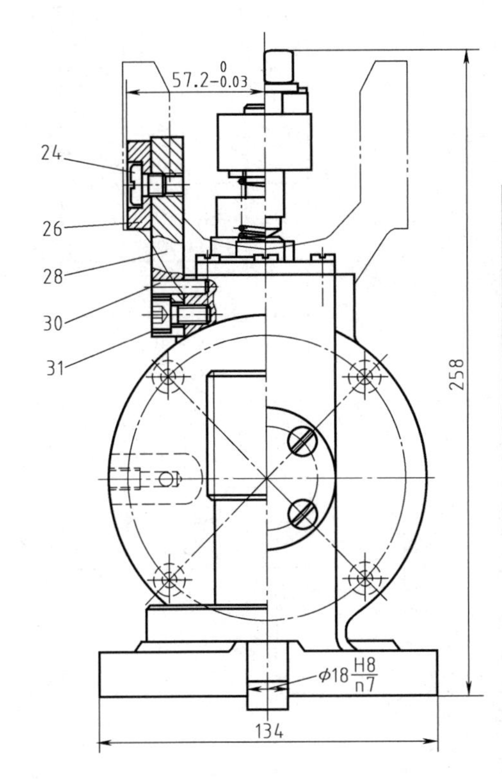

技术要求

1. 气缸工作压力0.4～0.6MPa。
2. 对刀块工作面对定位键工作面平行度0.05/100。
3. 对刀块工作面对夹具底面垂直度0.05/100。
4. 花键定位销中心线对夹具底面垂直度0.05/100。

序号	代号	名称	数量	材料	单重	总重	备注
					重量		
36		圆柱销	2	35钢			
35	XCJJ-01-17	滚　轮	2	45钢			45～50HRC
34	XCJJ-01-16	销　轴	2	45钢			45～50HRC
33	B18h6GB/T 1096—2003	定位键	2	45钢			45～50HRC
32	GB/T 67—2000	开槽盘头螺钉	2	35钢			M6×16
31	GB/T 70.1—2008	内六角圆柱头螺钉	2	35钢			M8×16
30	B型B5×24	圆锥销	2	35钢			
29	GB/T 70.1—2008	内六角圆柱头螺钉	6	35钢			M6×12
28	XCJJ-01-15	支　架	1	45钢			
27	XCJJ-01-14	定位销	1	45钢			45～50HRC
26		对刀块	1	T7A			55～60HRC
25	XCJJ-01-13	端　盖	1	HT200			
24		螺　钉	1	35钢			M8×10
23	XCJJ-01-12	压　头	1	45钢			35～40HRC
22	XCJJ-01-11	球头顶杆	1	45钢			50～55HRC
21	16	弹性挡圈	1	65Mn			48～53HRC
20	M16×1.5 GB/T 812—1988	圆螺母	1	45钢			
19	16 GB/T 858—1988	止动垫圈	1	Q235钢			
18	M16	螺　母	1	Q235钢			
17	XCJJ-01-10	弹　簧	1	65Mn			
16		垫　圈	1	Q235钢			
15	AM16×70JB/T 8007.2—1999	球头螺栓	1	45钢			35～40HRC
14		球面垫圈	1	45钢			*D*=17,40～45HRC
13		密封圈	1	耐油橡胶			O型,*D*=100
12	XCJJ-01-09	活　塞	1	ZL3			
11	XCJJ-01-08	套	1	20钢			
10	JB/T 8006.2—1999 34～40HRC	螺　钉	1	45钢			M16×50
9	XCJJ-01-07	压　板	1	35钢			
8	XCJJ-01-06	顶　杆	1	45钢			HB260
7		螺　钉	4	35钢			M6×12
6	XCJJ-01-05	透　盖	1	20钢			
5	XCJJ-01-04	弹　簧	1	65Mn			
4	XCJJ-01-03	楔　轴	1	45钢			HRC 50～55
3	XCJJ-01-02	端　盖	1	20钢			
2		螺　钉	4	35钢			M8×12
1	XCJJ-01-01	夹具体	1	HT200			

标记	处数	分区	更改文件号	签名	年、月、日				×××大学 (学号)
设计			标准化			阶段标记	重量	比例	×××铣床夹具
								1:1	
审核									XCJJ-01
工艺			批准			共1张　第1张			

夹具装配图

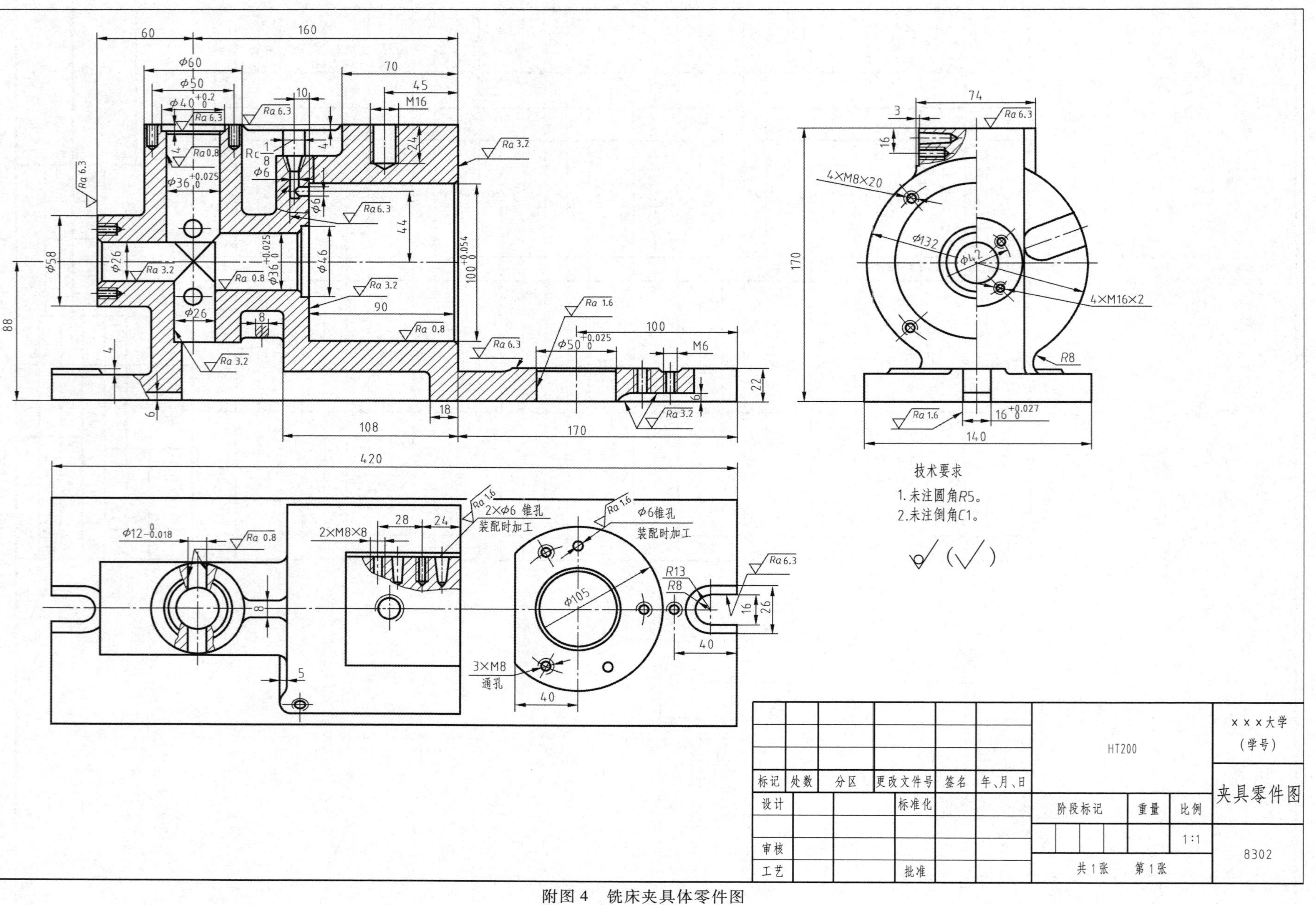

附图 4　铣床夹具体零件图

第3章　常用设计资料汇编

3.1　机械加工工艺规程设计资料

机械加工工艺规程设计资料见表3-1～表3-21。

表3-1　铸件尺寸公差数值（摘自GB/T 6414—1999）　　（单位：mm）

毛坯铸件公称尺寸/mm		铸件尺寸公差等级CT[1]															
大于	至	1	2	3	4	5	6	7	8	9	10	11	12	13[2]	14[2]	15[2]	16[2][3]
—	10	0.09	0.13	0.18	0.26	0.36	0.52	0.74	1	1.5	2	2.8	4.2	—	—	—	—
10	16	0.1	0.14	0.2	0.28	0.38	0.54	0.78	1.1	1.6	2.2	3.0	4.4	—	—	—	—
16	25	0.11	0.15	0.22	0.30	0.42	0.58	0.82	1.2	1.7	2.4	3.2	4.6	6	8	10	12
25	40	0.12	0.17	0.24	0.32	0.46	0.64	0.9	1.3	1.8	2.6	3.6	5	7	9	11	14
40	63	0.13	0.18	0.26	0.36	0.50	0.70	1	1.4	2	2.8	4	5.6	8	10	12	16
63	100	0.14	0.20	0.28	0.40	0.56	0.78	1.1	1.6	2.2	3.2	4.4	6	9	11	14	18
100	160	0.15	0.22	0.30	0.44	0.62	0.88	1.2	1.8	2.5	3.6	5	7	10	12	16	20
160	250	—	0.24	0.34	0.50	0.72	1	1.4	2	2.8	4	5.6	8	11	14	18	22
250	400	—	—	0.40	0.56	0.78	1.1	1.6	2.2	3.2	4.4	6.2	9	12	16	20	25
400	630	—	—	—	0.64	0.9	1.2	1.8	2.6	3.6	5	7	10	14	18	22	28
630	1000	—	—	—	0.72	1	1.4	2	2.8	4	6	8	11	16	20	25	32
1000	1600	—	—	—	0.80	1.1	1.6	2.2	3.2	4.6	7	9	13	18	23	29	37
1600	2500	—	—	—	—	—	—	2.6	3.8	5.4	8	10	15	21	26	33	42
2500	4000	—	—	—	—	—	—	—	4.4	6.2	9	12	17	24	30	38	49
4000	6300	—	—	—	—	—	—	—	—	7	10	14	20	28	35	44	56
6300	10000	—	—	—	—	—	—	—	—	—	11	16	23	32	40	50	64

① 在等级CT1～CT15中对壁厚采用粗一级公差。
② 对于不超过16mm的尺寸，不采用CT13～CT16的一般公差，对于这些尺寸应标注个别公差。
③ 等级CT16仅适用于一般公差规定为CT15的壁厚。

表3-2　成批和大量生产铸件的尺寸公差等级（摘自GB/T 6414—1999）

方法		公差等级CT								
		铸件材料								
		钢	灰铸铁	球墨铸铁	可锻铸铁	铜合金	锌合金	轻金属合金	镍基合金	钴基合金
砂型铸造手工造型		11～14	11～14	11～14	11～14	10～13	10～13	9～12	11～14	11～14
砂型铸造机器造型和壳型		8～12	8～12	8～12	8～12	8～10	8～10	7～9	8～12	8～12
金属型铸造（重力铸造或低压铸造）		—	8～10	8～10	8～10	8～10	7～9	7～9	—	—
压力铸造		—	—	—	—	6～8	4～6	4～7	—	—
熔模铸造	水玻璃	7～9	7～9	7～9	—	5～8	—	5～8	7～9	7～9
	硅溶胶	4～6	4～6	4～6	—	4～6	—	4～6	4～6	4～6

注：1. 表中所列出的公差等级是指在大批量生产下，且影响铸件尺寸精度的生产因素已得到充分改进时铸件通常能够达到的公差等级。
2. 本标准还适用于表未列出的由铸造厂和采购方之间协议商定的工艺和材料。

表 3-3　成批和大量生产的铸件机械加工余量等级（摘自 GB/T 6414—1999）

方　法	要求的机械加工余量等级								
	铸件材料								
	钢	灰铸铁	球墨铸铁	可锻铸铁	铜合金	锌合金	轻金属合金	镍基合金	钴基合金
砂型铸造手工造型	G ~ K	F ~ H	F ~ H	F ~ H	F ~ H	F ~ H	F ~ H	G ~ K	G ~ K
砂型铸造机器造型和壳型	F ~ H	E ~ G	E ~ G	E ~ G	E ~ G	E ~ G	E ~ G	F ~ H	F ~ H
金属型(重力铸造和低压铸造)	—	D ~ F	D ~ F	D ~ F	D ~ F	D ~ F	D ~ F	—	—
压力铸造	—	—	—	—	B ~ D	B ~ D	B ~ D		
熔模铸造	E	E	E	—	E	—	E	E	E

注：本标准还适用于本表未列出的由铸造厂和采购方之间协议商定的工艺和材料。

表 3-4　铸件机械加工余量（摘自 GB/T 6414—1999）　　（单位：mm）

最大尺寸①		要求的机械加工余量等级									
大于	至	A②	B②	C	D	E	F	G	H	J	K
—	40	0.1	0.1	0.2	0.3	0.4	0.5	0.5	0.7	1	1.4
40	63	0.1	0.2	0.3	0.3	0.4	0.5	0.7	1	1.4	2
63	100	0.2	0.3	0.4	0.5	0.7	1	1.4	2	2.8	4
100	160	0.3	0.4	0.5	0.8	1.1	1.5	2.2	3	4	6
160	250	0.3	0.5	0.7	1	1.4	2	2.8	4	5.5	8
250	400	0.4	0.7	0.9	1.3	1.4	2.5	3.5	5	7	10
400	630	0.5	0.8	1.1	1.5	2.2	3	4	6	9	12
630	1000	0.6	0.9	1.2	1.8	2.5	3.5	5	7	10	14
1000	1600	0.7	1	1.4	2	2.8	4	5.5	8	11	16
1600	2500	0.8	1.1	1.6	2.2	3.2	4.5	6	9	14	18
2500	4000	0.9	1.3	1.8	2.5	3.5	5	7	10	14	20
4000	6300	1	1.4	2	2.8	4	5.5	8	11	16	22
6300	10000	1.1	1.5	2.2	3	4.5	6	9	12	17	24

① 最终机械加工后铸件的最大轮廓尺寸。

② 等级 A 和 B 仅用于特殊场合，例如，在采购方与铸造厂已就夹持面和基准面或基准目标商定模样装备，铸造工艺和机械加工工艺的成批生产情况下。

表 3-5　各种生产类型的规范

生产类型	零件的年生产纲领(件/年)		
	重型机械	中型机械	轻型机械
单件生产	≤5	≤20	≤100
小批生产	>5 ~ 100	>20 ~ 200	>100 ~ 500
中批生产	>100 ~ 300	>200 ~ 500	>500 ~ 5000
大批生产	>300 ~ 1000	>500 ~ 5000	>5000 ~ 50000
大量生产	>1000	>5000	>50000

表 3-6　各种生产类型的工艺特点

项目 \ 分类	单件小批生产	中批生产	大批大量生产
加工对象	经常变换	周期性变换	固定不变
毛坯的制造方法及加工余量	木模手工造型,自由锻。毛坯精度低,加工余量大	部分铸件用金属型;部分锻件用模锻。毛坯精度中等、加工余量中等	广泛采用金属型机器造型、压铸、精铸、模锻。毛坯精度高、加工余量小
机床设备及其布置形式	通用机床,按类型和规格大小,采用机群式排列布置	部分采用通用机床,部分采用专用机床,按零件分类,部分布置成流水线,部分布置成机群式	广泛采用专用机床、按流水线或自动线布置
夹具	通用夹具或组合夹具,必要时采用专用夹具	广泛使用专用夹具、可调夹具	广泛使用高效率的专用夹具

（续）

项目 \ 分类	单件小批生产	中批生产	大批大量生产
刀具和量具	通用刀具和量具	按零件产量和精度，部分采用通用刀具和量具，部分采用专用刀具和量具	广泛使用高效率的专用夹具
工件的装夹方法	划线找正装夹，必要时采用通用夹具或专用夹具	部分采用划线找正，广泛采用通用或专用夹具装夹	广泛使用专用夹具装夹
装配方法	广泛采用配刮	少量采用配刮，多采用互换装配法	采用互换装配法
操作人平均技术水平	高	一般	低
生产率	低	一般	高
成本	高	一般	低
工艺文件	用简单的工艺过程卡管理生产	有较详细的工艺规程，用工艺卡管理生产	详细制订工艺规程，用工序卡、操作卡及调整卡管理生产

表 3-7　不同加工方法达到的孔径精度与表面粗糙度

加工方法	孔径精度	表面粗糙度 $Ra/\mu m$
钻	IT12 ~ IT13	12.5
钻、扩	IT10 ~ IT12	3.2 ~ 6.3
钻、铰	IT8 ~ IT11	1.6 ~ 3.2
钻、扩、铰	IT6 ~ IT8	0.8 ~ 3.2
钻、扩、粗铰、精铰	IT6 ~ IT8	0.8 ~ 1.6
挤光	IT5 ~ IT6	0.025 ~ 0.4
液压	IT6 ~ IT8	0.05 ~ 0.4

表 3-8　XA6132 型万能铣床和 XA5032 型立铣床

工作台最大纵向行程 680mm 工作台工作面积，长 × 宽为 1250mm × 320mm 进给机械允许的最大抗力 15000N	主电动机功率 7.5kW 进给电动机功率 1.7kW 机床效率 $\eta = 0.75$
主轴转速 $n/(r/min)$	30, 37.5, 47.5, 60, 75, 95, 118, 150, 190, 235, 300, 375, 475, 600, 750, 950, 1180, 1500
纵向进给量 $v_f/(mm/min)$	23.5, 30, 37.5, 47.5, 60, 75, 95, 118, 150, 190, 235, 300, 375, 475, 600, 750, 950, 1180

表 3-9　摇臂钻床主要技术参数（摘自 JB/T 6335—2006）

技术规格	型号					
	Z3025	Z33S-1	Z35	Z37	Z32K	Z35K
最大钻孔直径/mm	25	35	50	75	25	50
主轴中心线至立柱表面距离/mm	280 ~ 900	350 ~ 1200	450 ~ 1600	500 ~ 2000	315 ~ 815	730 ~ 1500
主轴端面至工作台面的距离/mm	0 ~ 550	0 ~ 880	0 ~ 1000	—	—	—
主轴端面至底座工作面的距离/mm	250 ~ 1000	380 ~ 1380	470 ~ 1500	600 ~ 1750	25 ~ 870	—
主轴最大行程/mm	250	300	350	450	130	350
主轴孔莫氏锥度	3 号	4 号	5 号	6 号	3 号	5 号
主轴转速/(r/min)	50 ~ 2500	50 ~ 1600	34 ~ 1700	11.2 ~ 1400	175 ~ 980	20 ~ 900
主轴进给量/(mm/r)	0.05 ~ 1.6	0.06 ~ 1.2	0.03 ~ 1.2	0.037 ~ 2	—	0.1 ~ 0.8
主轴最大扭转力矩/(N · m)	196.2	—	735.75	1177.2	95.157	—
主轴最大进给力/N	7848	12262.5	19620	33354	—	12262.5（垂直位置） 19620（水平位置）
主轴箱水平移动距离/mm	630	850	1150	1500	500	—
横臂升降距离/mm	525	730	680	700	845	1500
横臂回转角度/(°)	360	360	360	360	360	360
主电动机功率/kW	2.2	2.8	4.5	7	1.7	4.5

注：Z32K、Z35K 为万向摇臂钻床，主轴在 3 个方向都能回转 360°。

表 3-10　铣刀种类及应用范围

铣刀名称、种类	应用范围
圆柱形铣刀 粗齿圆柱形铣刀	粗、半精加工各种平面 粗铣 $a_e=3\sim8$mm，半精铣 $a_e=1\sim2$mm（用于粗加工后不换铣刀），半精铣 $a_e=3\sim4$mm（不经预先粗加工）
细齿圆柱形铣刀	粗铣刚性差零件 $a_e=3\sim5$mm，半精铣 $a_e=1\sim2$mm，不经预先粗加工的半精铣 $a_e=3\sim4$mm
组合圆柱形铣刀	在刚度高、功率大的专用机床上一次行程粗铣宽平面（≤150～200mm），$a_e=5\sim12$mm
面铣刀 整体套式面铣刀　粗齿	粗、半精、精加工种平面 粗铣 $a_p=3\sim8$mm，半精铣 $a_p=1\sim2$mm（用于粗加工后不换铣刀），半精铣 $a_p=3\sim4$mm（不经预先粗加工）
细齿	粗铣低刚度零件 $a_p=3\sim5$mm，半精铣 $a_p=1\sim2$mm，不经预先粗加工的半精铣 $a_p=3\sim4$mm
镶齿套式面铣刀 高速钢	粗铣 $a_p=3\sim8$mm，半精铣 $a_p=1\sim2$mm，不经预先粗加工的半精铣 $a_p=3\sim4$mm
硬质合金	粗、精铣钢及铸铁
立铣刀 粗齿立铣刀、中齿立铣刀、细齿立铣刀、套式立铣刀、模具立铣刀	粗铣、半精铣平面，加工沟槽表面、台阶表面，按靠模铣曲线表面
三面刃、两面刃铣刀 整体的直齿三面刃铣刀、错齿三面刃铣刀	粗、半精、精加工沟槽表面 铣槽 $a_p=6\sim16$mm，$a_e\leq18$m，铣侧面及凸台，$a_e\leq20$mm
镶齿三面刃铣刀	铣槽 $a_p=12\sim40$mm，$a_e\leq40$mm 铣侧面及凸台，$a_e\leq60$mm
锯片铣刀 粗齿、中齿、细齿锯片铣刀	加工窄槽表面、切断，细齿加工钢及铸铁，粗齿加轻合金及有色金属
螺钉槽铣刀	加工窄槽、螺钉槽表面
镶片圆锯	切断
键槽铣刀 平键槽铣刀、半圆键槽铣刀	加工平键键槽，半圆键键槽
T 形槽铣刀	加工 T 形槽表面
燕尾槽铣刀	加工燕尾槽表面
角度铣刀 单角铣刀、对称及不对称双角铣刀	加工各种角度沟槽表面（角度为 18°～90°）
成形铣刀 铲齿成形铣刀、尖齿成形铣刀、凸半圆铣刀、凹半圆铣刀、圆角铣刀 铣刀名称、种类	加工凸凹半圆曲面、圆角及各种成形表面
花键铣刀	铣花键及槽，粗齿 $a_e\leq15$mm，细齿 $a_e\leq5$mm

表 3-11　铣刀直径的选择　　（单位：mm）

圆柱形铣刀			
铣切深度 铣切宽度 铣刀直径	5 70 60～75	8 90 90～110	10 100 110～130

（续）

套式面铣刀							
铣切深度 铣切宽度 铣刀直径	4 40 50 ~ 75	4 60 75 ~ 90	5 90 110 ~ 130	6 120 150 ~ 175	6 180 200 ~ 250	8 260 300 ~ 350	10 350 400 ~ 500
三面刃铣刀							
铣切深度 铣切宽度 铣刀直径	8 20 60 ~ 75		12 25 90 ~ 110		20 35 110 ~ 150		40 50 175 ~ 200
花键槽铣刀、槽铣刀及锯片铣刀							
铣切深度 铣切宽度 铣刀直径	5 4 40 ~ 60		10 4 60 ~ 75		12 5 75		25 10 110

表 3-12　高速钢面铣刀、圆柱形铣刀和圆盘铣刀铣削时的进给量

（1）粗铣时每齿进给量 f_z　　（单位：mm/z）

铣床（铣头）功率 /kW	工艺系统刚度	粗齿和镶齿铣刀				细齿铣刀			
		面铣刀与圆盘铣刀		圆柱形铣刀		面铣刀与圆盘铣刀		圆柱形铣刀	
		钢	铸铁及铜合金	钢	铸铁及铜合金	钢	铸铁及铜合金	钢	铸铁及铜合金
>10	大	0.2 ~ 0.3	0.3 ~ 0.45	0.25 ~ 0.35	0.35 ~ 0.50	—	—	—	—
	中	0.15 ~ 0.25	0.25 ~ 0.40	0.20 ~ 0.30	0.30 ~ 0.40				
	小	0.10 ~ 0.15	0.20 ~ 0.25	0.15 ~ 0.20	0.25 ~ 0.30				
5 ~ 10	大	0.12 ~ 0.20	0.25 ~ 0.35	0.15 ~ 0.25	0.25 ~ 0.35	0.08 ~ 0.12	0.20 ~ 0.35	0.10 ~ 0.15	0.12 ~ 0.20
	中	0.08 ~ 0.15	0.20 ~ 0.30	0.12 ~ 0.20	0.20 ~ 0.30	0.06 ~ 0.10	0.15 ~ 0.30	0.06 ~ 0.10	0.10 ~ 0.15
	小	0.06 ~ 0.10	0.15 ~ 0.25	0.10 ~ 0.15	0.12 ~ 0.20	0.04 ~ 0.08	0.10 ~ 0.20	0.06 ~ 0.08	0.08 ~ 0.12
<5	中	0.04 ~ 0.06	0.15 ~ 0.30	0.10 ~ 0.15	0.12 ~ 0.20	0.04 ~ 0.06	0.12 ~ 0.20	0.05 ~ 0.08	0.06 ~ 0.12
	小	0.04 ~ 0.06	0.10 ~ 0.20	0.06 ~ 0.10	0.10 ~ 0.15	0.04 ~ 0.06	0.08 ~ 0.15	0.03 ~ 0.06	0.05 ~ 0.10

（2）半精铣时每转进给量 f　　（单位：mm/r）

要求的表面粗糙度 Ra/μm	镶齿面铣刀和圆盘铣刀	圆柱形铣刀					
		铣刀直径 d_0/mm					
		40 ~ 80	100 ~ 125	160 ~ 250	40 ~ 80	100 ~ 125	160 ~ 250
		钢及铸钢			铸铁、铜及铝合金		
6.3	1.2 ~ 2.7	—					
3.2	0.5 ~ 1.2	1.0 ~ 2.7	1.7 ~ 3.8	2.3 ~ 5.0	1.0 ~ 2.3	1.4 ~ 3.0	1.9 ~ 3.7
1.6	0.23 ~ 0.5	0.6 ~ 1.5	1.0 ~ 2.1	1.3 ~ 2.8	0.6 ~ 1.3	0.8 ~ 1.7	1.1 ~ 2.1

注：1. 表中大进给量用于小的铣削深度和铣削切削层公称宽度；小进给量用于大的铣削深度和铣削切削层公称宽度。
2. 铣削耐热钢时，进给量与铣削钢时相同，但不大于 0.3mm/z。

表 3-13　铣刀磨钝标准　　（单位：mm）

高速钢铣刀							
铣刀类型		后刀面最大磨损限度					
		钢、铸钢		耐热合金钢		铸　铁	
		粗加工	精加工	粗加工	精加工	粗加工	精加工
圆柱铣刀和盘铣刀		0.4～0.6	0.15～0.25	0.5	0.20	0.50～0.80	0.20～0.30
面铣刀		1.2～1.8	0.3～0.5	0.70	0.50	1.5～2.0	0.30～0.50
立铣刀	$d_0 \leqslant 15$mm	0.15～0.20	0.1～0.5	0.50	0.40	0.15～0.20	0.10～0.15
	$d_0 > 15$mm	0.30～0.50	0.20～0.25			0.30～0.50	0.20～0.25
切槽铣刀和切断铣刀		0.15～0.20	—	—	—	0.15～0.20	—
成形铣刀	尖齿	0.60～0.70	0.20～0.0	—	—	0.6～0.7	0.2～0.3
	铲齿	0.30～0.4	0.20	—	—	0.3～0.4	0.2

表 3-14　铣刀合理寿命 T　　（单位：min）

刀具材料	铣刀名称	铣刀直径/mm								
		20	50	75	100	150	200	300	400	500
高速钢	面铣刀		100	120	130	170	250	300	400	500
	立铣刀	60	80	100						
	三面刃盘铣刀、锯片铣刀		100	120	130	170	250			
	键槽铣刀		80	90	100	110	120			
	圆柱铣刀	100	170	280	400					
	角度铣刀		100	150	170					
	燕尾槽铣刀		120	180	200					
硬质合金	面铣刀		90	100	120	200	300	500	600	800
	立铣刀	75	90							
	三面刃盘铣刀、锯片铣刀			130	160	200	300	400		
	键槽铣刀			120	150	180				
	圆柱铣刀				150	180	200			
	角度铣刀			150	180					
	燕尾槽铣刀			150	180					

注：对装刀、调刀比较复杂的组合铣刀，寿命应比表中推荐值高 400%～800%；用机夹可转位硬质合金刀片时，换刀和调刀方便，寿命可为表中值的 1/4～1/2。

表 3-15　铣削速度 v

工件材料	硬度 HBW	铣削速度/(m/min)		工件材料	硬度 HBW	铣削速度/(m/min)	
		硬质合金铣刀	高速钢铣刀			硬质合金铣刀	高速钢铣刀
低、中碳钢	<220 225～290 300～425	60～150 55～115 35～75	20～40 15～35 10～15	灰铸铁	150～225 230～290 300～320	60～110 45～90 20～30	15～20 10～18 5～10
高碳钢	<220 225～325 325～375 375～425	60～130 50～105 35～50 35～45	20～35 15～25 10～12 5～10	可锻铸铁	110～160 160～200 200～240 240～280	100～200 80～120 70～110 40～60	40～50 25～35 15～25 10～20
合金钢	<220 225～325 325～425	55～120 35～80 30～60	15～35 10～25 5～10	铝镁合金 不锈钢 铸钢	95～100 	360～600 70～90 45～75	180～300 20～35 15～25
工具钢	200～250	45～80	12～25	黄铜		180～300	60～90
灰铸铁	100～140	110～115	25～35	青铜		180～300	30～50

注：精加工的铣削速度可比表值增加 30% 左右。

表 3-16　卧式车床刀架进给量

型　号	进　给　量/(mm/r)
CM6125	纵向:0.02、0.04、0.08、0.10、0.20、0.40
	横向:0.01、0.02、0.04、0.05、0.10、0.20
C617	纵向:0.027、0.05、0.072、0.082、0.089、0.096、0.105、0.115、0.121、0.128、0.144、0.164、0.177、0.192、0.209、0.230、0.242、0.256、0.288、0.329、0.354、0.394　0.418、0.460、0.485、0.571、0.658　0.767、1.150
	横向:0.018、0.032、0.047、0.053、0.057、0.062、0.068、0.074、0.078、0.083、0.093、0.106、0.115、0.124、0.135、0.149、0.157、0.165、0.186、0.203、0.229、0.248、0.271、0.298、0.313、0.331、0.372、0.452、0.476、0.74
C616	纵向:0.06、0.07、0.08、0.084、0.09、0.10、0.11、0.12、0.13、0.14、0.15、0.154、0.16、0.17、0.18、0.19、0.20、0.21、0.22、0.23、0.24、0.25、0.27、0.28、0.30、0.31、0.32、0.33、0.34、0.36、0.37、0.38、0.40、0.41、0.42、0.43、0.45、0.46、0.47、0.48、0.51、0.53、0.54、0.55、0.56、0.58、0.60、0.62、0.63、0.65、0.67、0.68、0.70、0.71、0.72、0.74、0.75、0.76、0.80、0.82、0.83、0.86、0.90、0.93、0.95、0.96、0.97、1.0、1.07、1.08、1.1、1.11、1.12、1.17、1.2、1.23、1.3、1.37、1.4、1.43、1.49、1.50、1.51、1.54、1.64、1.67、1.81、1.86、1.92、1.94、2.24、2.46、2.6、3.34
	横向:0.04、0.05、0.06、0.07、0.073、0.079、0.08、0.09、0.10、0.11、0.12、0.13、0.14、0.15、0.16、0.17、0.18、0.19、0.20、0.21、0.22、0.23、0.24、0.25、0.26、0.27、0.28、0.29、0.30、0.31、0.33、0.34、0.35、0.36、0.37、0.39、0.40、0.41、0.43、0.44、0.45、0.46、0.48、0.50、0.51、0.52、0.54、0.55、0.58、0.59、0.60、0.61、0.63、0.65、0.68、0.70、0.73、0.75、0.77、0.78、0.80、0.81、0.82、0.86、0.88、0.90、0.94、0.95、1.0、1.02、1.03、1.05、1.09、1.10、1.20、1.22、1.31、1.32、1.36、1.40、1.63、1.80、1.81、1.90、2.45
C616A	纵向:0.03、0.04、0.05、0.06、0.07、0.08、0.09、0.10、0.11、0.12、0.14、0.15、0.16、0.18、0.20、0.21、0.22、0.24、0.28、0.30、0.32、0.36、0.40、0.42、0.46、0.48、0.51、0.56、0.60、0.64、0.72、0.80、0.84、0.88、0.96、1.12、1.20、1.28、1.68
	横向:0.02、0.03、0.035、0.04、0.045、0.05、0.06、0.07、0.08、0.09、0.10、0.12、0.14、0.15、0.16、0.18、0.20、0.24、0.28、0.30、0.32、0.36、0.40、0.48、0.56、0.60、0.64、0.72、0.80、0.96、1.20
C6132	纵向:0.06、0.07、0.08、0.09、0.10、0.11、0.12、0.13、0.15、0.16、0.17、0.18、0.20、0.23、0.25、0.27、0.29、0.32、0.34、0.36、0.40、0.46、0.49、0.53、0.58、0.64、0.67、0.71、0.80、0.91、0.98、1.07、1.16、1.28、1.35、1.42、1.60、1.71
	横向:0.03、0.04、0.05、0.06、0.07、0.08、0.09、0.10、0.11、0.12、0.13、0.15、0.16、0.17、0.18、0.20、0.23、0.25、0.27、0.29、0.32、0.34、0.36、0.40、0.46、0.49、0.53、0.58、0.64、0.67、0.71、0.80、0.85
C618K-1	纵向:0.14、0.17、0.19、0.20、0.21、0.22、0.23、0.25、0.26、0.29、0.30、0.33、0.35、0.37、0.38、0.39、0.42、0.44、0.45、0.47、0.50、0.52、0.58、0.60、0.66、0.70、0.75、0.76、0.78、0.83、0.84、0.88、0.91、0.93、0.99、1.0、1.2
	横向:0.09、0.11、0.12、0.13、0.14、0.15、0.16、0.17、0.19、0.20、0.21、0.23、0.24、0.25、0.27、0.29、0.30、0.32、0.34、0.37、0.39、0.43、0.45、0.48、0.49、0.51、0.54、0.57、0.59、0.60、0.64、0.68、0.77
C620-1	纵向:0.08、0.09、0.10、0.11、0.12、0.13、0.14、0.15、0.16、0.18、0.20、0.22、0.24、0.26、0.28、0.30、0.33、0.35、0.40、0.45、0.48、0.50、0.55、0.60、0.65、0.71、0.81、0.91、0.96、1.01、1.11、1.21、1.28、1.46、1.59
	横向:0.027、0.029、0.033、0.038、0.04、0.042、0.046、0.05、0.054、0.058、0.067、0.075、0.078、0.084、0.092、0.10、0.11、0.12、0.13、0.15、0.16、0.17、0.18、0.20、0.22、0.23、0.27、0.30、0.32、0.33、0.37、0.40、0.41、0.48、0.52
C620-3	纵向:0.07、0.074、0.084、0.097、0.11、0.12、0.13、0.14、0.15、0.17、0.195、0.21、0.23、0.26、0.28、0.30、0.34、0.39、0.43、0.47、0.52、0.57、0.61、0.70、0.78、0.87、0.95、1.04、1.14、1.21、1.40、1.56、1.74、1.90、2.08、2.28、2.42、2.80、3.12、3.48、3.80、4.16
	横向:为纵向进给量的 1/2
CA6140	纵向:0.028、0.032、0.036、0.039、0.043、0.046、0.050、0.054、0.08、0.09、0.10、0.11、0.12、0.13、0.14、0.15、0.16、0.18、0.20、0.23、0.24、0.26、0.28、0.30、0.33、0.36、0.41、0.46、0.48、0.51、0.56、0.61、0.66、0.71、0.81、0.91、0.94、0.96、1.02、1.03、1.09、1.12、1.15、1.22、1.29、1.47、1.59、1.71、1.87、2.05、2.16、2.28、2.57、2.93、3.16、3.42、3.74、4.11、4.32、4.56、5.14、5.87、6.33 横向:0.014、0.016、0.018、0.019、0.021、0.023、0.025、0.027、0.040、0.045、0.050、0.055、0.060、0.065、0.070、0.075、0.08、0.09、0.10、0.11、0.12、0.13、0.14、0.15、0.16、0.17、0.20、0.22、0.24、0.25、0.28、0.30、0.33、0.35、0.40、0.43、0.45、0.47、0.48、0.50、0.51、0.54、0.56、0.57、0.61、0.64、0.73、0.79、0.86、0.94、1.02、1.08、1.14、1.28、1.46、1.58、1.72、1.88、2.04、2.16、2.28、2.56、2.92、3.16
C630	纵向:0.15、0.17、0.19、0.21、0.24、0.27、0.30、0.33、0.38、0.42、0.48、0.54、0.60、0.65、0.75、0.84、0.96、1.07、1.2、1.33、1.5、1.7、1.9、2.15、2.4、2.65
	横向:0.05、0.06、0.065、0.07、0.08、0.09、0.10、0.11、0.12、0.14、0.16、0.18、0.20、0.22、0.25、0.28、0.32、0.36、0.40、0.45、0.50、0.56、0.64、0.72、0.81、0.9

表 3-17　卧式车床主轴转速

型号	转速/(r/min)
CM6125	正转:25、63、125、160、320、400、500、630、800、1000、1250、2000、2500、3150
C6127	正反转:65、100、165、260、290、450、730、1150
C616	正反转:45、66、94、120、173、248、360、530、958、1380、1980
C616A	正反转:19、28、32、40、47、51、66、74、84、104、120、155、175、225、260、315、375、410、520、590、675、830、980、1400
C132	正转:22.4、31.5、45、65、90、125、180、250、350、500、700、1000
C618K-1	正转:40、52、72、101、131、183、260、381、447、660、860、1200
	反转:113、148、206、750、980、1370
C620-1	正转:12、15、19、24、30、38、46、58、76、90、120、150、185、230、305、370、380、460、480、600、610、760、955、1200
	反转:18、30、48、73、121、190、295、485、590、760、970、1520
C620-3	正转:12.5、16、20、25、31.5、40、50、63、80、100、125、160、200、250、315、400、500、630、800、1000、1250、1600、2000
	反转:19、30、48、75、121、190、302、475、755、950、1510、2420
CA6140	正转:10、12.5、16、20、25、32、40、50、63、80、100、125、160、200、250、320、400、450、500、560、710、900、1120、1400
	反转:14、22、36、56、90、141、226、362、565、633、1018、1580
C630	反转:14、18、24、30、37、47、57、72、95、119、149、188、229、288、380、478、595、750
	反转:22、39、60、91、149、234、361、597、945

表 3-18　钻头、扩孔钻和铰刀的磨钝标准及寿命

(1) 后刀面最大磨损限度　　(单位:mm)

刀具材料	加工材料	钻头		扩孔钻		铰刀	
		直径 d_0					
		≤20	>20	≤20	>20	≤20	>20
高速钢	钢	0.4~0.8	0.8~1.0	0.5~0.8	0.8~1.2	0.3~0.5	0.5~0.7
	不锈钢及耐热钢	0.3~0.8		—		—	
	钛合金	0.4~0.5		—		—	
	铸铁	0.5~0.8	0.8~1.2	0.6~0.9	0.9~1.4	0.4~0.6	0.6~0.9
硬质合金	钢(扩钻)及铸铁	0.4~0.8	0.8~1.2	0.6~0.8	0.8~1.4	0.4~0.6	0.6~0.8
	淬硬钢	—		0.5~0.7		0.3~0.35	

(2)单刀加工刀具寿命 T　　(单位:min)

刀具类型	加工材料	刀具材料	刀具直径 d_0/mm							
			<6	6~10	11~20	21~30	31~40	41~50	51~60	61~80
钻头(钻孔及扩钻)	结构钢及钢铸件	高速钢	15	25	45	50	70	90	110	—
	不锈钢及耐热钢	高速钢	6	8	15	25	—	—	—	—
	铸铁、铜合金及铝合金	高速钢	20	35	60	75	110	140	170	—
		硬质合金								
扩孔钻(扩孔)	结构钢及铸钢、铸铁、铜合金及铝合金	高速钢及硬质合金	—	—	30	40	50	60	80	100
铰刀(铰孔)	结构钢及铸钢	高速钢	—	—	40	80		120		
		硬质合金	—	20	30	50	70	90	110	140
	铸铁、铜合金及铝合金	高速钢	—	—	60	120		180		
		硬质合金	—	—	45	75	105	135	165	210

（续）

(3)多刀加工刀具寿命 T					(单位:min)
最大加工孔径/mm	刀具数量				
	3	5	8	10	≥15
10	50	80	100	120	140
15	80	110	140	150	170
20	100	130	170	180	200
30	120	160	200	220	250
50	150	200	240	260	300

注：在进行多刀加工时，如果扩孔钻及刀头的直径大于60mm，则随调整复杂程度，不同刀具寿命取为$T=150\sim300$min。

表 3-19　高速钢钻头钻孔的进给量

钻头直径 d_0/mm	钢 R_m/MPa			铸铁、铜及铝合金，硬度 HBW	
	<800	800～1000	>1000	≤200	>200
	进给量 f/(mm/r)				
≤2	0.05～0.06	0.04～0.05	0.03～0.04	0.09～0.11	0.05～0.07
>2～4	0.08～0.10	0.06～0.08	0.04～0.06	0.18～0.22	0.11～0.13
>4～6	0.14～0.18	0.10～0.12	0.08～0.10	0.27～0.33	0.18～0.22
>6～8	0.18～0.22	0.13～0.15	0.11～0.13	0.36～0.44	0.22～0.26
>8～10	0.22～0.28	0.17～0.21	0.13～0.17	0.47～0.57	0.28～0.34
>10～13	0.25～0.31	0.19～0.23	0.15～0.19	0.52～0.64	0.31～0.39
>13～16	0.31～0.37	0.22～0.28	0.18～0.22	0.61～0.75	0.37～0.45
>16～20	0.35～0.43	0.26～0.32	0.21～0.25	0.70～0.86	0.43～0.53
>20～25	0.39～0.47	0.29～0.35	0.23～0.29	0.78～0.96	0.47～0.57
>25～30	0.45～0.55	0.32～0.40	0.27～0.33	0.9～1.1	0.54～0.66
>30～60	0.60～0.70	0.40～0.50	0.30～0.40	1.0～1.2	0.70～0.80

注：1. 表列数据适用于在大刚度零件上钻孔，精度在IT12～IT13级以下（或自由公差），钻孔后还用钻头、扩孔钻或镗刀加工。在下列条件下需乘以修正系数：

1）在中等刚性零件上钻孔（箱体形状的薄壁零件、零件上薄的突出部分钻孔）时，乘以系数0.75。

2）钻孔后要用铰刀加工的精确孔，低刚性零件上钻孔，斜面上钻孔，钻孔后用丝锥攻螺纹的孔，乘以系数0.50。

2. 钻孔深度大于3倍直径时应乘以下修正系数：

钻孔深度（孔深以直径的倍数表示）	$3d_0$	$5d_0$	$7d_0$	$10d_0$
修正系数 k_{1f}	1.0	0.9	0.8	0.75

3. 为避免钻头损坏，当刚要钻穿时应停止自动进给而改用手动进给。

表 3-20　摇臂钻床主轴进给量

型号	进给量/(mm/r)
Z3025	0.05、0.08、0.12、0.16、0.2、0.25、0.3、0.4、0.5、0.63、1.00、1.60
Z33S-1	0.06、0.12、0.24、0.3、0.6、1.2
Z35	0.03、0.04、0.05、0.07、0.09、0.12、0.14、0.15、0.19、0.20、0.25、0.26、0.32、0.40、0.56、0.67、0.90、1.2
Z37	0.037、0.045、0.060、0.071、0.090、0.118、0.150、0.180、0.236、0.315、0.375、0.50、0.60、0.75、1.00、1.25、1.50、2.00
Z35K	0.1、0.2、0.3、0.4、0.6、0.8

表 3-21　摇臂钻床的主轴转速

型号	转速/(r/min)
Z3025	50、80、125、200、250、315、400、500、630、1000、1600、2500
Z33S-1	50、100、200、400、800、1600
Z35	34、42、53、67、85、105、132、170、265、335、420、530、670、850、1051、1320、1700
Z37	11.2、14、18、22.4、28、35.5、45、56、71、90、112、140、180、224、280、355、450、560、710、900、1120、1400
Z32K	175、432、693、980
Z35K	20、28、40、56、80、112、160、224、315、450、630、900

3.2　机床夹具设计资料

1. 夹具设计时的摩擦因数

工件与支承块及夹紧元件的接触表面为已加工表面时，摩擦因数 f 可按表 3-22 选取。

表 3-22　工件与夹具接触表面的摩擦因数

表面状况 / 摩擦因数	光滑表面	有与切削力方向一致的沟槽	有与切削力方向垂直的沟槽	有交错的网状沟槽
f	0.16～0.25	0.3	0.4	0.7～0.8

2. 对刀块

对刀块可分为圆形对刀块（图 3-1a 及表 3-23）、侧装对刀块及直角对刀块（图 3-1b、c）等，并应与对刀塞尺配合使用。

表 3-23　圆形对刀块尺寸　（单位：mm）

D	H	h	d	d_1	C
ϕ16	10	6	ϕ5.5	ϕ10	0.5
ϕ25		7	ϕ6.6	ϕ12	1

注：1. 对刀块材料为 20 钢。热处理：渗碳 0.8～1.2mm，58～64HRC。
2. 标记：× × 对刀块 GB/T 2240—1991。

3. 钻套（表 3-24～表 3-30）

钻套可分为固定钻套、可换钻套及快换钻套 3 种。后 2 种钻套应与固定钻套配合使用。

表 3-24　固定钻套各部尺寸（摘自 JB/T 8045.1—1999）　（单位：mm）

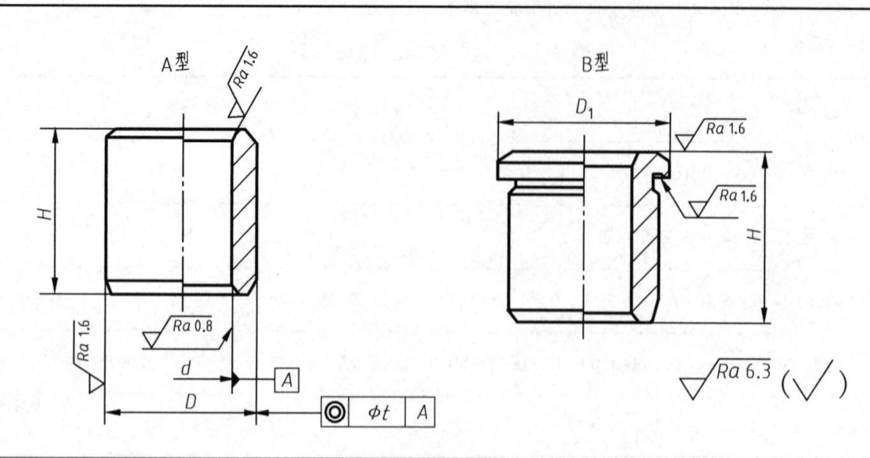

（续）

<table>
<tr><th colspan="2">d</th><th colspan="2">D</th><th rowspan="2">D_1</th><th rowspan="2" colspan="3">H</th><th rowspan="2">t</th></tr>
<tr><th>公称尺寸</th><th>极限偏差 F7</th><th>公称尺寸</th><th>极限偏差 D6</th></tr>
<tr><td>>3～3.3</td><td rowspan="4">+0.022
+0.010</td><td>6</td><td>+0.016
+0.008</td><td>9</td><td rowspan="3">8</td><td rowspan="3">12</td><td rowspan="3">16</td><td rowspan="8">0.008</td></tr>
<tr><td>>3.3～4</td><td>7</td><td rowspan="3">+0.019
+0.010</td><td>10</td></tr>
<tr><td>>4～5</td><td>8</td><td>11</td></tr>
<tr><td>>5～6</td><td>10</td><td>13</td><td rowspan="2">10</td><td rowspan="2">16</td><td rowspan="2">20</td></tr>
<tr><td>>6～8</td><td rowspan="2">+0.028
+0.013</td><td>12</td><td rowspan="3">+0.023
+0.012</td><td>15</td></tr>
<tr><td>>8～10</td><td>15</td><td>18</td><td rowspan="2">12</td><td rowspan="2">20</td><td rowspan="2">25</td></tr>
<tr><td>>10～12</td><td rowspan="3">+0.034
+0.016</td><td>18</td><td>22</td></tr>
<tr><td>>12～15</td><td>22</td><td rowspan="3">+0.028
+0.015</td><td>26</td><td rowspan="2">16</td><td rowspan="2">28</td><td rowspan="2">36</td></tr>
<tr><td>>15～18</td><td>26</td><td>30</td><td rowspan="7">0.012</td></tr>
<tr><td>>18～22</td><td rowspan="3">+0.041
+0.20</td><td>30</td><td>34</td><td rowspan="2">20</td><td rowspan="2">36</td><td rowspan="2">45</td></tr>
<tr><td>>22～26</td><td>35</td><td rowspan="3">+0.033
+0.017</td><td>39</td></tr>
<tr><td>>26～30</td><td>42</td><td>46</td><td rowspan="2">25</td><td rowspan="2">45</td><td rowspan="2">56</td></tr>
<tr><td>>30～35</td><td rowspan="4">+0.050
+0.025</td><td>48</td><td>52</td></tr>
<tr><td>>35～42</td><td>55</td><td rowspan="3">+0.039
+0.020</td><td>59</td><td rowspan="3">30</td><td rowspan="3">56</td><td rowspan="3">67</td></tr>
<tr><td>>42～48</td><td>62</td><td>66</td></tr>
<tr><td>>48～50</td><td>70</td><td>74</td><td>0.040</td></tr>
</table>

注：$d \leqslant 25$mm，T10A，淬火 60～64HRC；$d > 25$mm，20 钢，渗碳淬火 60～64HRC。

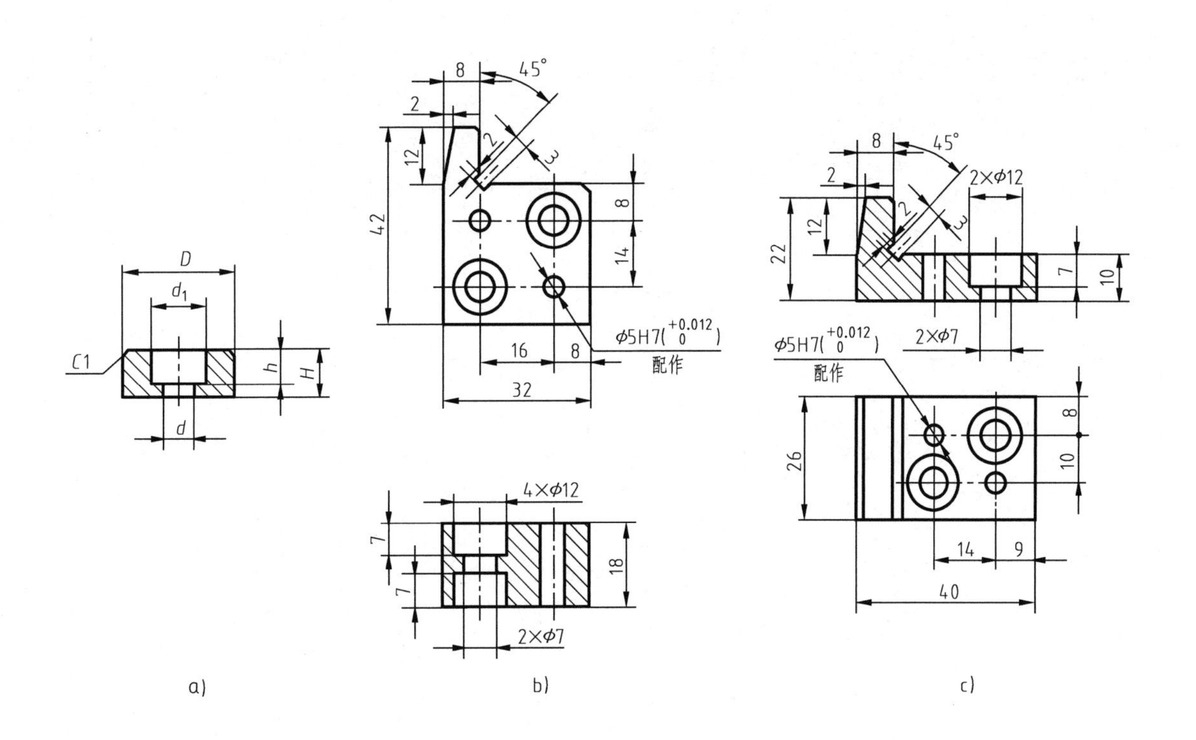

图 3-1　对刀块

a）圆形对刀块　b）侧装对刀块　c）直角对刀块

表 3-25　钻套用衬套的规格及主要尺寸（摘自 JB/T 8045.4—1999）　　（单位：mm）

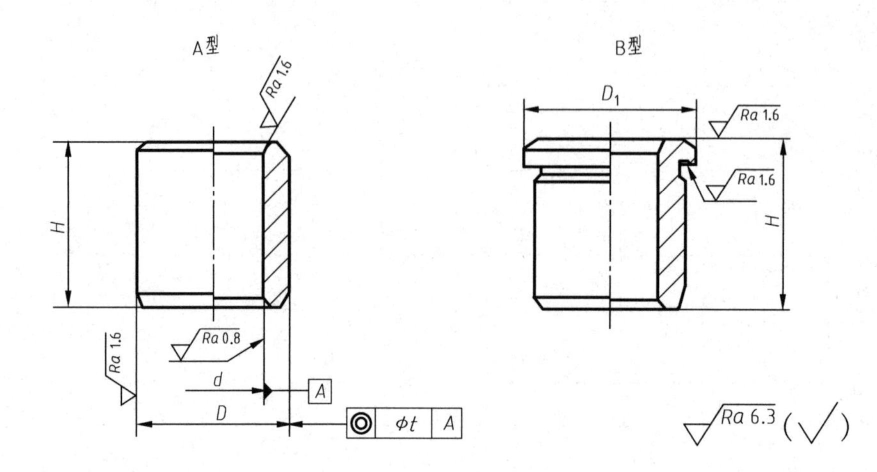

d		*D*		D_1	*H*			*t*
公称尺寸	极限偏差 F7	公称尺寸	极限偏差 n6					
8	+0.028 +0.013	12	+0.023 +0.012	15	10	16	—	0.008
10		15		18	12	20	25	
12	+0.034 +0.016	18		22				
(15)		22	+0.028 +0.015	26	16	28	36	
18		26		30				0.012
22	+0.041 +0.020	30		34	20	36	45	
(26)		35	+0.033 +0.017	39				
30		42		46	25	45	56	
35	+0.050 +0.025	48		52				
(42)		55	+0.039 +0.020	59	30	56	67	
(48)		62		66				
55	+0.060 +0.030	70		74				0.040
62		78		82	35	67	78	
70		85	+0.045 +0.023	90				
78		95		100	40	78	105	
(85)	+0.071 +0.036	105		110				
95		115		120	45	89	112	
105		125	+0.052 +0.027	130				

注：1. 因 F7 为装配后公差带，零件加工尺寸需由工艺决定（需预留收缩量时，推荐 0.006～0.012mm）。

2. 材料及热处理：d≤25mm，T10A，60～64HRC；d>25mm，20 钢渗碳，60～64HRC。

表 3-26　可换钻套各部尺寸（摘自 JB/T 8045.2—1999）　　（单位：mm）

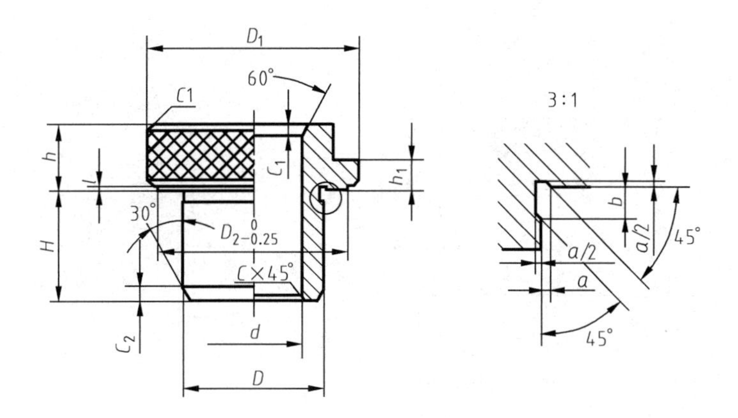

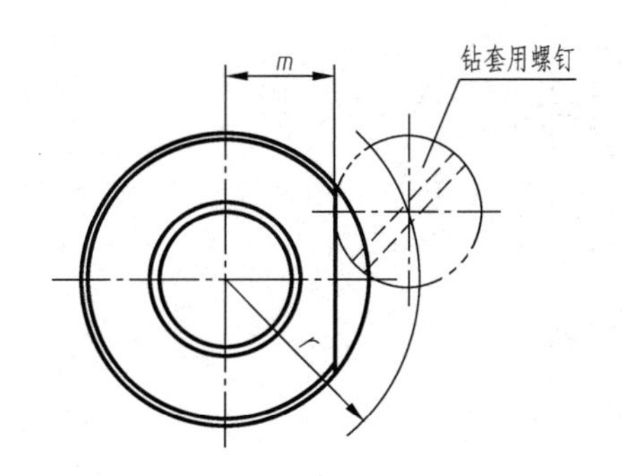

<table>
<tr><th colspan="2">d</th><th colspan="3">D</th><th rowspan="2">D₁
（滚花前）</th><th rowspan="2">D₂</th><th rowspan="2" colspan="3">H</th><th rowspan="2">h</th><th rowspan="2">h₁</th><th rowspan="2">r</th><th rowspan="2">m</th><th rowspan="2">C</th><th rowspan="2">C₁</th><th rowspan="2">C₂</th><th rowspan="2">a</th><th rowspan="2">b</th><th rowspan="2">配用螺钉
（JB/T 8045.5—1999）</th></tr>
<tr><th>公称尺寸</th><th>极限偏差（F7）</th><th>公称尺寸</th><th>极限偏差（m6）</th><th>极限偏差（k6）</th></tr>
<tr><td>>6～8</td><td rowspan="2">+0.028
+0.013</td><td>12</td><td rowspan="3">+0.018
+0.007</td><td rowspan="3">+0.012
+0.001</td><td>22</td><td>18</td><td>12</td><td>20</td><td>25</td><td rowspan="3">10</td><td rowspan="3">4</td><td>16</td><td>7</td><td rowspan="5">0.5</td><td>1.5</td><td rowspan="3">1.5</td><td rowspan="5">0.5</td><td rowspan="5">2</td><td rowspan="3">M6</td></tr>
<tr><td>>8～10</td><td>15</td><td>26</td><td>22</td><td rowspan="2">16</td><td rowspan="2">28</td><td rowspan="2">36</td><td>18</td><td>9</td><td rowspan="4">2</td></tr>
<tr><td>>10～12</td><td rowspan="3">+0.034
+0.016</td><td>18</td><td>30</td><td>26</td><td>20</td><td>11</td></tr>
<tr><td>>12～15</td><td>22</td><td rowspan="3">+0.021
+0.008</td><td rowspan="3">+0.015
+0.002</td><td>34</td><td>30</td><td rowspan="2">20</td><td rowspan="2">36</td><td rowspan="2">45</td><td rowspan="5">12</td><td rowspan="5">5.5</td><td>23.5</td><td>12</td><td rowspan="4">2.5</td><td rowspan="5">M8</td></tr>
<tr><td>>15～18</td><td>26</td><td>39</td><td>35</td><td>26</td><td>14.5</td></tr>
<tr><td>>18～22</td><td rowspan="3">+0.041
+0.020</td><td>30</td><td>46</td><td>42</td><td rowspan="2">25</td><td rowspan="2">45</td><td rowspan="2">56</td><td>29.5</td><td>18</td><td rowspan="5">1</td><td rowspan="4">3</td><td rowspan="5">1</td><td rowspan="5">3</td></tr>
<tr><td>>22～26</td><td>35</td><td rowspan="3">+0.025
+0.009</td><td rowspan="3">+0.018
+0.002</td><td>52</td><td>46</td><td>32.5</td><td>21</td></tr>
<tr><td>>26～30</td><td>42</td><td>59</td><td>53</td><td rowspan="3">30</td><td rowspan="3">56</td><td rowspan="3">67</td><td>36</td><td>24.5</td><td rowspan="3">3</td></tr>
<tr><td>>30～35</td><td rowspan="2">+0.050
+0.025</td><td>48</td><td>66</td><td>60</td><td rowspan="2">16</td><td rowspan="2">7</td><td>41</td><td>27</td><td rowspan="2">M10</td></tr>
<tr><td>>35～42</td><td>55</td><td>+0.030
+0.011</td><td>+0.021
+0.002</td><td>74</td><td>68</td><td>45</td><td>31</td><td>3.5</td></tr>
</table>

注：1. 材料及热处理：$d \leqslant 26$mm，T10A，60～64HRC；$d > 26$mm，20 钢，渗碳 0.8～1.2mm，58～64HRC。

2. 标记示例：$d = 28$mm，公差 F7，$D = 42$mm，公差 k6，$H = 30$mm 的可换钻套标记为钻套 28F7×42k6×30 JB/T 8045.2—1999。

表 3-27 快换钻套各部尺寸（JB/T 8045.3—1999） （单位：mm）

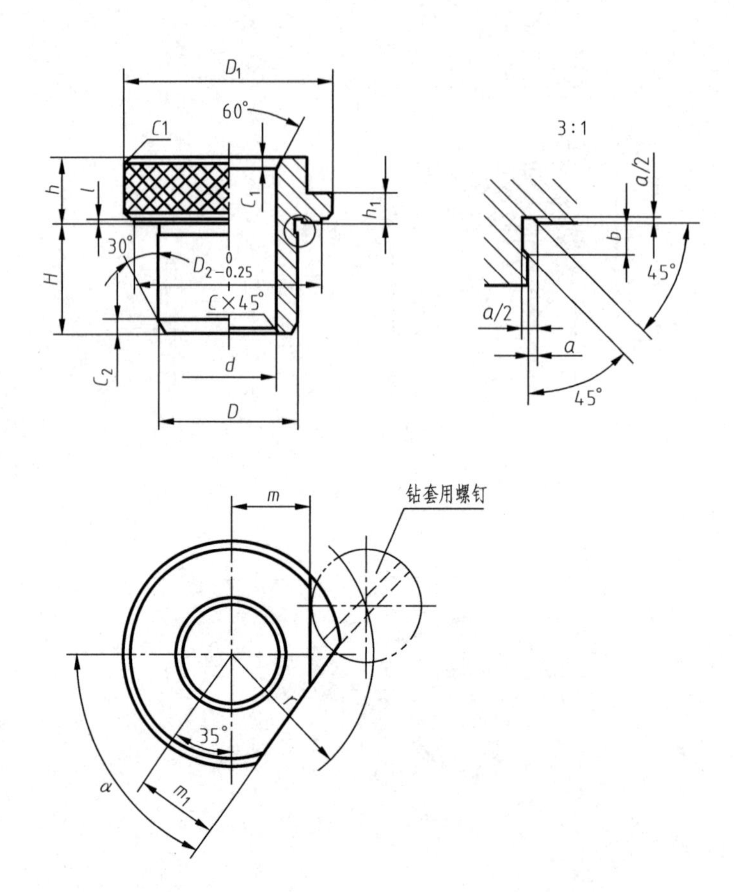

d		D			D_1（滚花前）	D_2	H			h	h_1	r	m	m_1	C	C_1	C_2	a	b	α	配用螺钉（JB/T 8045.5—1999）
公称尺寸	极限偏差（F7）	公称尺寸	极限偏差（m6）	极限偏差（k6）																	
>6~8	+0.028 +0.013	12	+0.018 +0.007	+0.012 +0.001	22	18	12	20	25	10	4	16	7	7	0.5	1.5	1.5	0.5	2	50°	M6
>8~10		15			26	22	16	28	36			18	9	9		2				55°	
>10~12	+0.034 +0.016	18			30	26						20	11	11							
>12~15		22	+0.021 +0.008	+0.015 +0.002	34	30	20	36	45	12	5.5	23.5	12	12			2.5				M8
>15~18		26			39	35						26	14.5	14.5							
>18~22	+0.041 +0.020	30			46	42	25	45	56			29.5	18	18	1	3		1	3		
>22~26		35	+0.025 +0.009	+0.018 +0.002	52	46						32.5	21	21							
>26~30		42			59	53	30	56	67			36	24.5	25			3			65°	M10
>30~35	+0.050 +0.025	48			66	60				16	7	41	27	28							
>35~42		55	+0.030 +0.011	+0.021 +0.002	74	68						45	31	32		3.5					

注：1. 材料及热处理：$d \leqslant 26$mm，T10A，58~64HRC；$d > 26$mm，20 钢，渗碳 58~64HRC。

2. 标记示例：$d = 28$mm，公差 F7，$D = 42$mm，公差 k6，$H = 30$mm 的可换钻套标记为钻套 28F7×42k6×30 JB/T 8045.3—1999。

表 3-28　钻套用螺钉各部尺寸（摘自 JB/T 8045.5—1999）　　（单位：mm）

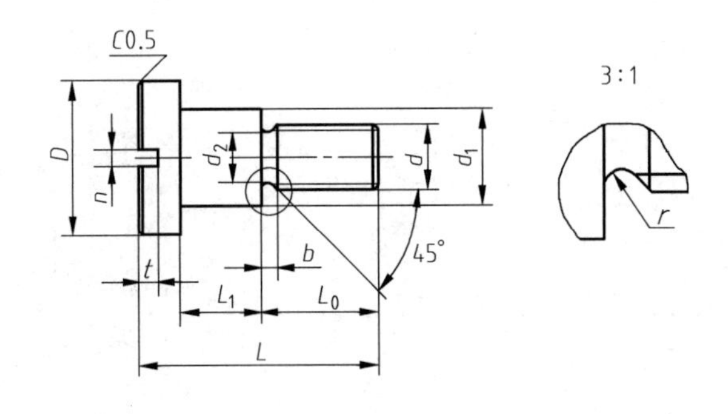

d	L_1 公称尺寸	L_1 极限偏差	d_1 公称尺寸	d_1 极限偏差(d11)	D	d_2	L	L_0	n	t	b	r	钻套内径
M5	3	+0.20 +0.05	7.5	−0.04 −0.13	13		15	9	1.2	1.7	1.5	0.5	>0~6
	6						18						
M6	4		9.5	−0.05 −0.16	16	4.4	18	10	1.5	2			>6~12
	8						22						
M8	5.5		12		20	6.0	22	11.5	2	2.5			>12~30
	10.5						27						
M10	7		15		24	7.7	32	18.6	2.5	3	2.5	1	>30~85
	13						38						

注：1. 材料及热处理：45 钢，35~40HRC。
2. 标记示例：d = M10，L_1 = 13mm 的钻套螺钉标记为螺钉 M10×13 JB/T 8045.5—1999。

表 3-29　钻套高度 H 的选择

H	$H=(1.5\sim2)\ d$	$H=(2.5\sim3.5)\ d$	$H=(1.25\sim1.5)\ d(h+L)$
用途	一般螺钉孔、销钉孔或孔距公差 $\delta_L>\pm0.25$mm 的孔	精度 H6 或 H7，孔径 $d>\phi12$mm 的孔或 $\delta_L=\pm(0.1\sim0.15)$mm 的孔	精度 H7 或 H8 的孔或 $\delta_L=\pm(0.06\sim0.10)$mm 的孔

注：δ_L为孔距公差，d 为孔径深，L 为孔深，H 为钻套与工件距离。

表 3-30　钻套与工件距离 h 的选择

h	$(0.3\sim0.7)d$	$(0.7\sim1.5)d$
选取原则	加工铸铁	加工钢
	材料硬时，系数取小值；孔位置精度要求高时，允许 $h=0$，当 $L/d>5$ 时，$h=1.5d$	

注：d 为孔径，L 为孔深。

4. 定位键

定位键形状及尺寸见表 3-31。

表 3-31 定位键各部尺寸（摘自 JB/T 8016—1999） （单位：mm）

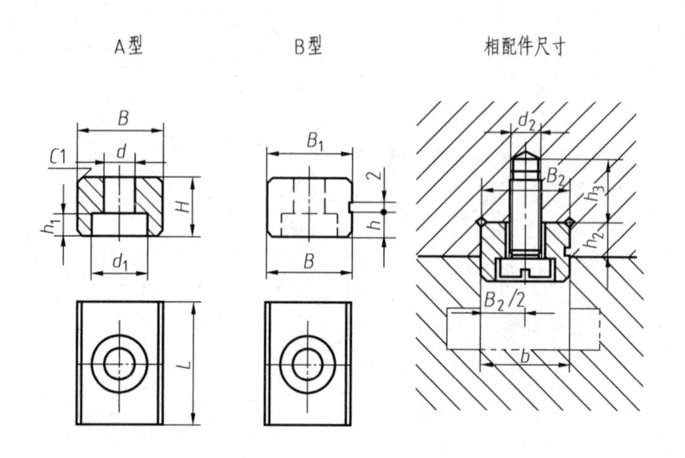

B			B_1	L	H	h	h_1	d	d_1	相配件							
										T形槽宽度	B_2			d_2	h_2	h_3	螺钉（GB/T 65）
公称尺寸	极限偏差（h6）	极限偏差（h8）								b	公称尺寸	极限偏差（H7）	极限偏差（Js6）				
8	0 -0.009	0 -0.022	8	14	8	3	2.4	3.4	6	8	8	+0.015 0	±0.0045	M3	4	8	M3×10
10			10	16			3	4.5	8.5	10	10			M4			M4×10
12	0 -0.011	0 -0.027	12	20			3.5	5.5	10	12	12	+0.018 0	±0.0055	M5		10	M5×12
14			14							14	14						
16			16	25	10	4	4.5	6.6	12	16	16			M6	5	13	M6×16
18			18		12	5				18	18				6		

注：1. 材料及热处理：45 钢，40～45HRC。

2. 标记示例：$B=28$mm、公差带为 h6 的 A 型定位键标记为：定位键 A28h6 JB/T 8016—1999。

5. 斜楔机构夹紧力、夹紧行程及自锁角的计算

（1）夹紧力

$$F'=i_F F \qquad (\mathrm{N})$$

式中 i_F——斜楔机构的扩力比。

（2）自锁角 α_s（可查表选取）

（3）夹紧行程

$$S=S_1\tan\alpha$$

式中 S_1——斜楔工作行程（mm）。

斜楔夹紧机构的 5 种结构形式及其扩力比 i_F 如图 3-2 所示，其值见表 3-32。

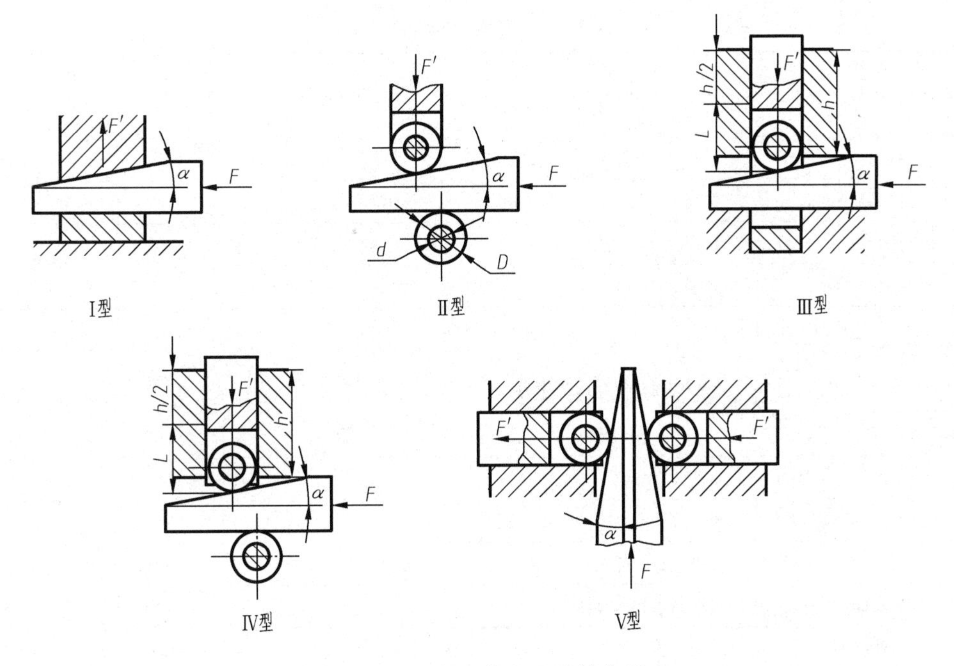

图 3-2　斜楔夹紧机构的 5 种结构形式

表 3-32　斜楔机构的扩力比 i_F 和自锁角 α_s

机构形式	Ⅰ	Ⅱ	Ⅲ	Ⅳ	Ⅴ
α	i_F				
5°	3.47	5.31	4.14	5.16	7.03/n[①]
7°	3.07	4.46	3.58	4.31	5.55/n
10°	2.62	3.59	3.02	3.42	4.18/n
15°	2.09	2.68	2.29	2.51	2.90/n
自锁角 α_S	≤11°25′	≤5°41′	≤8°33′	≤5°40′	≤2°50′
$d/D=0.5$，$L/h=0.7$，摩擦因数为 0.1					

① n 为柱塞数。

6. 铰链机构夹紧力的计算

$$F'=i_F F\quad (\mathrm{N})$$

式中　i_F——铰链机构的扩力比。

铰链机构的 5 种结构形式如图 3-3 所示，其扩力比 i_F 见表 3-33。

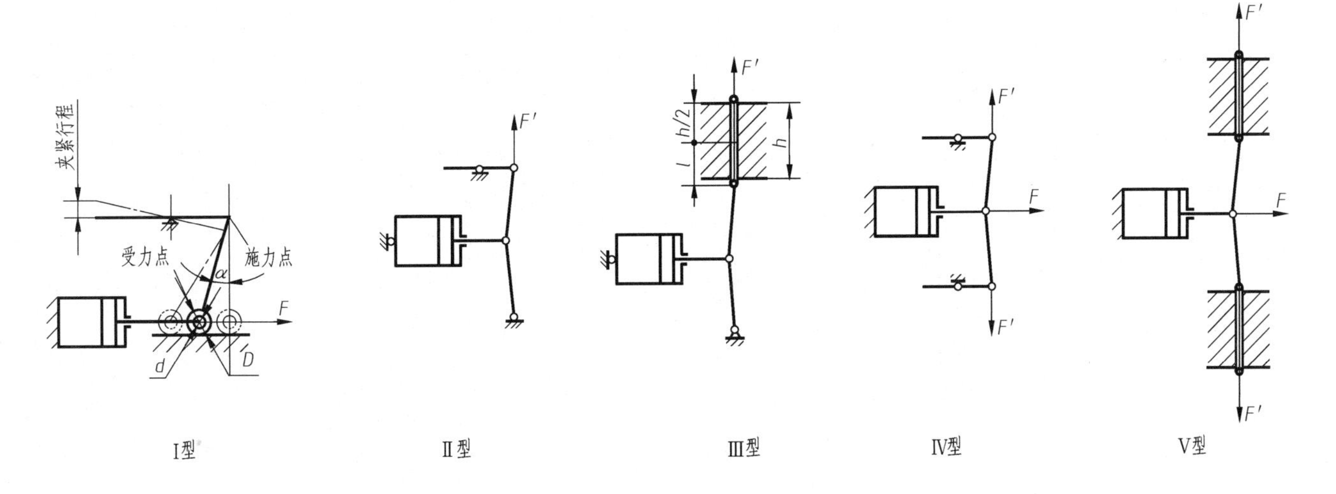

图 3-3　铰链夹紧机构的 5 种形式

表 3-33　铰链机构扩力比 i_F

铰链形式	Ⅰ	Ⅱ	Ⅲ	Ⅳ	Ⅴ	铰链形式	Ⅰ	Ⅱ	Ⅲ	Ⅳ	Ⅴ
α	i_F					α	i_F				
10°	4.41	2.83	2.73	2.83	2.73	25°	1.52	1.07	0.96	1.07	0.96
15°	3.14	1.86	1.76	1.86	1.76	30°	1.59	0.87	0.76	0.87	0.76
20°	2.41	1.37	1.27	1.37	1.27						
$d/D=0.5$，$l/h=0.7$，摩擦因数为 0.1						$d/D=0.5$，$l/h=0.7$，摩擦因数为 0.1					

7. 机床夹具技术条件

绘制完夹具装配图，应该提出装配图的技术要求，涉及尺寸及位置公差的项目及数值请参阅表 3-34。

表 3-34　夹具技术条件数值

技术条件	参考数值/mm
同一平面上的支承钉或支承板的等高公差	不大于 0.02
定位元件工作表面对定位键槽侧面的平行度或垂直度	不大于 0.02∶100
定位元件工作表面对夹具体底面的平行度或垂直度	不大于 0.02∶100
钻套轴线对夹具体底面的垂直度	不大于 0.05∶100
镗模前后镗套的同轴度	不大于 0.02
对刀块工作表面对定位元件工作表面的平行度或垂直度	不大于 0.03∶100
对刀块工作表面对定位键槽侧面的平行度或垂直度	不大于 0.03∶100
车、磨夹具的找正基面对其回转中心的径向圆跳动	不大于 0.02

第4章　设计题目汇编

本章推荐下列21个零件，每个零件的工序应以10道左右为宜，工序内容最好含车削、铣削和钻削等多道工序，每个零件安排一组学生，每组学生3～4人为宜。

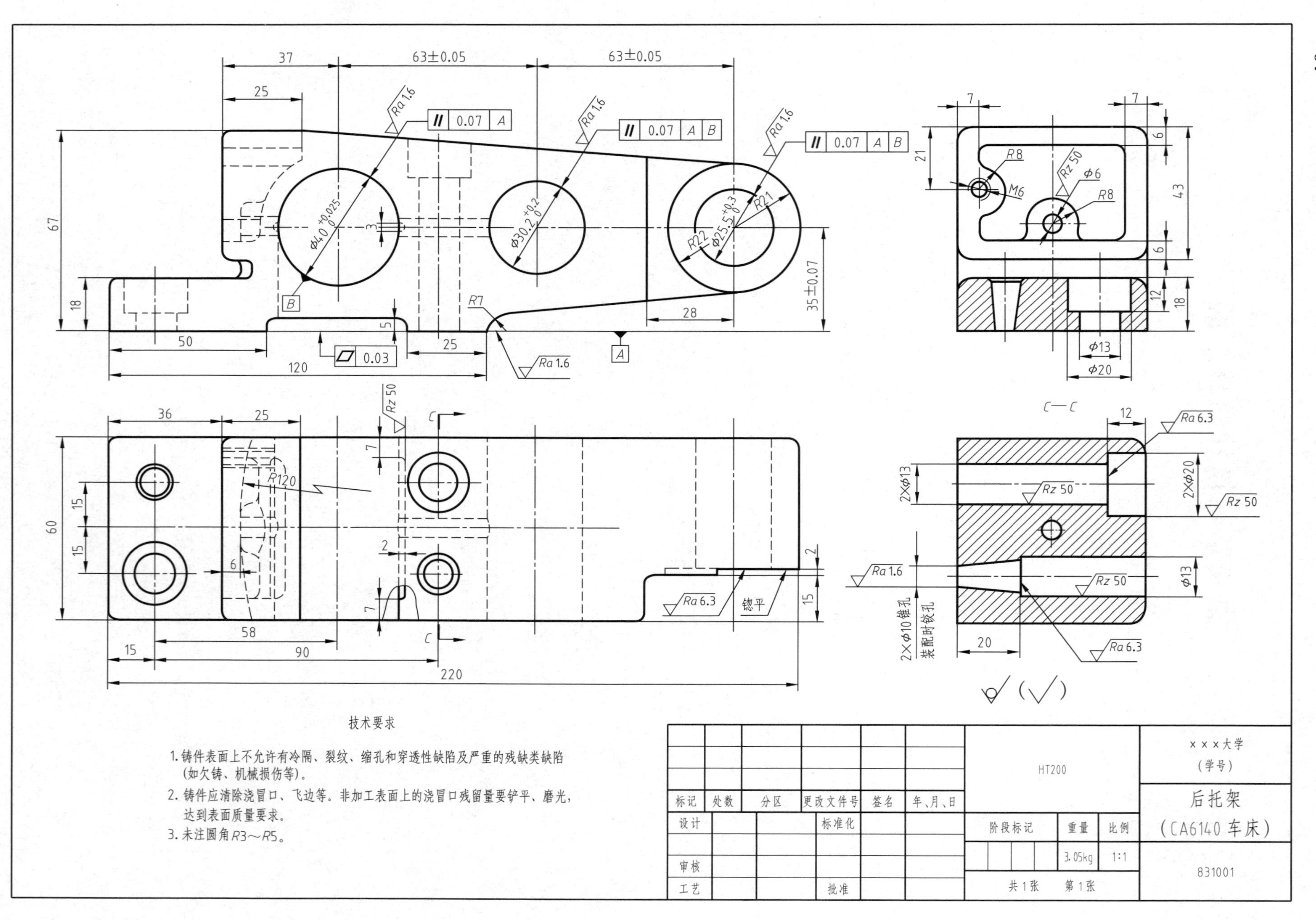
C—C
2×φ10锥孔
装配时铰孔
锪平
技术要求
1. 铸件表面上不允许有冷隔、裂纹、缩孔和穿透性缺陷及严重的残缺类缺陷(如欠铸、机械损伤等)。
2. 铸件应清除浇冒口、飞边等。非加工表面上的浇冒口残留量要铲平、磨光，达到表面质量要求。
3. 未注圆角R3～R5。
标记
处数
分区
更改文件号
签名
年、月、日
设计
标准化
审核
工艺
批准
HT200
阶段标记
重量
比例
3.05kg
1:1
共1张
第1张
×××大学
(学号)
后托架
(CA6140车床)
831001

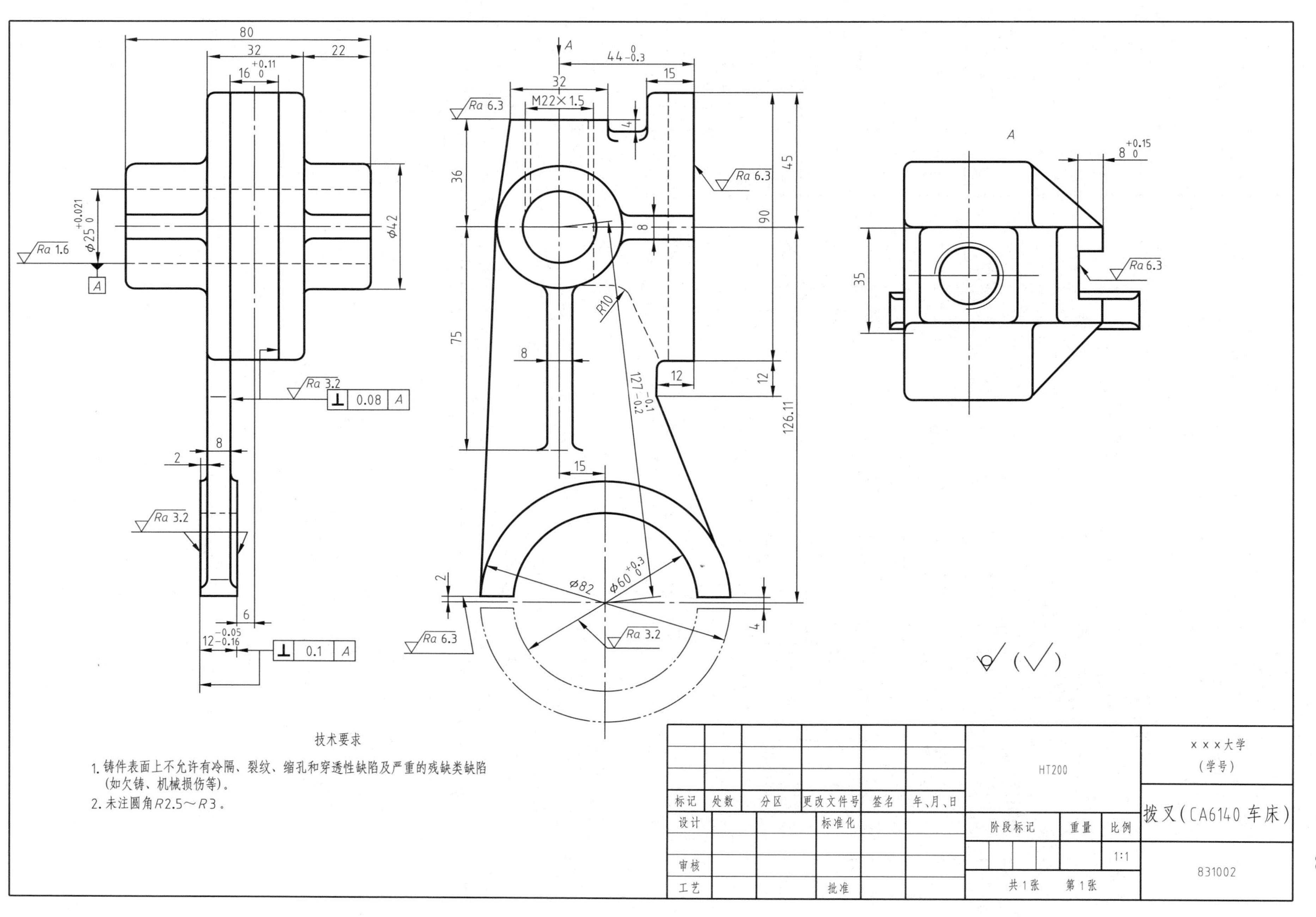
技术要求
1. 铸件表面上不允许有冷隔、裂纹、缩孔和穿透性缺陷及严重的残缺类缺陷(如欠铸、机械损伤等)。
2. 未注圆角R2.5～R3。
标记
处数
分区
更改文件号
签名
年、月、日
设计
标准化
审核
工艺
批准
HT200
阶段标记
重量
比例
1:1
共1张
第1张
×××大学
(学号)
拨叉(CA6140车床)
831002

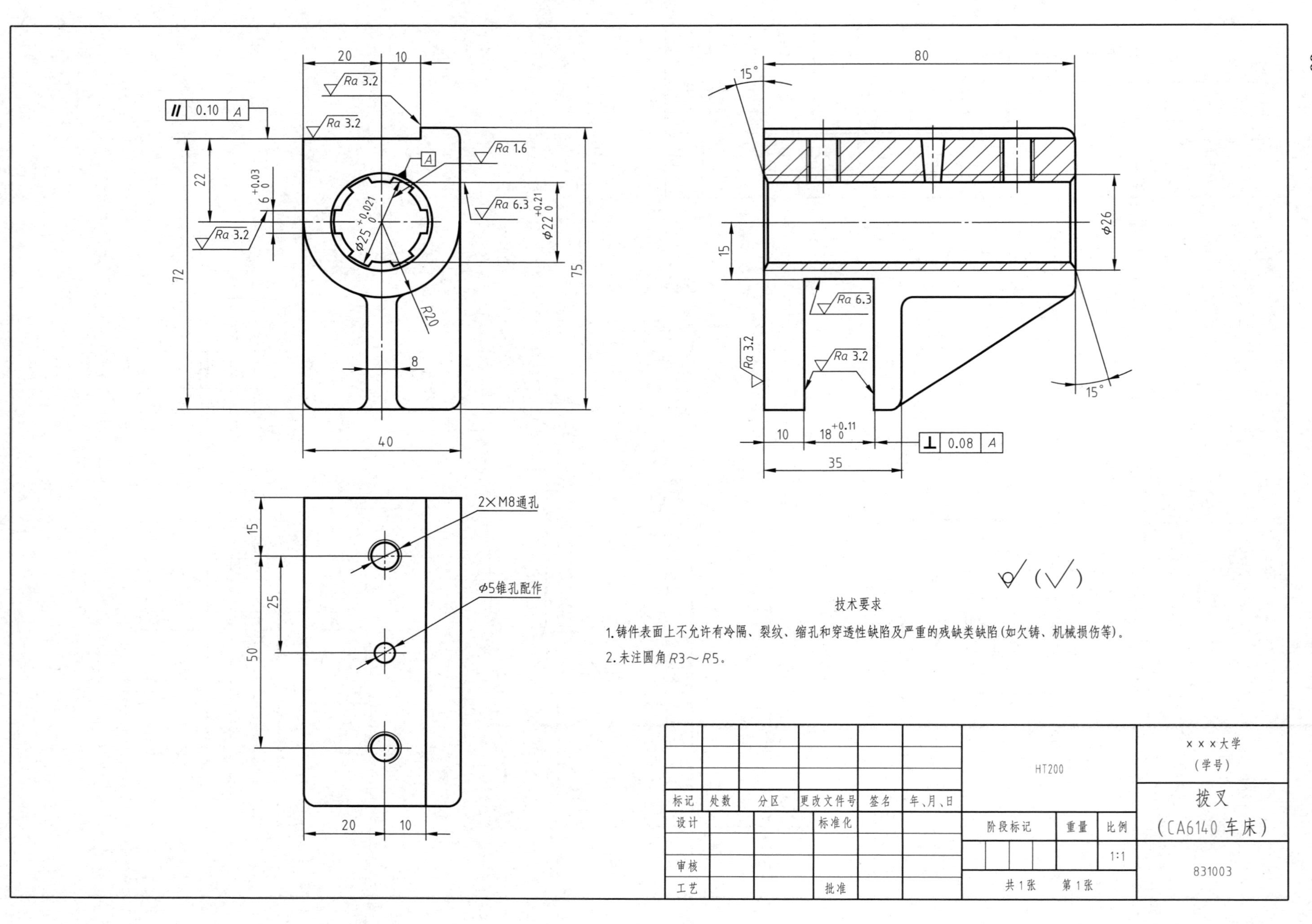

Ra 3.2
0.10 A
Ra 1.6
Ra 6.3
φ25 +0.021 0
φ22 +0.21 0
6 +0.03 0
R20
8
22
72
75
40
20
10
80
15°
φ26
15
18 +0.11 0
0.08 A
35
2×M8通孔
φ5锥孔配作
25
50
技术要求
1.铸件表面上不允许有冷隔、裂纹、缩孔和穿透性缺陷及严重的残缺类缺陷(如欠铸、机械损伤等)。
2.未注圆角R3～R5。
HT200
×××大学
(学号)
拨叉
(CA6140车床)
831003
标记 处数 分区 更改文件号 签名 年、月、日
设计 标准化
审核
工艺 批准
阶段标记 重量 比例
1:1
共1张 第1张

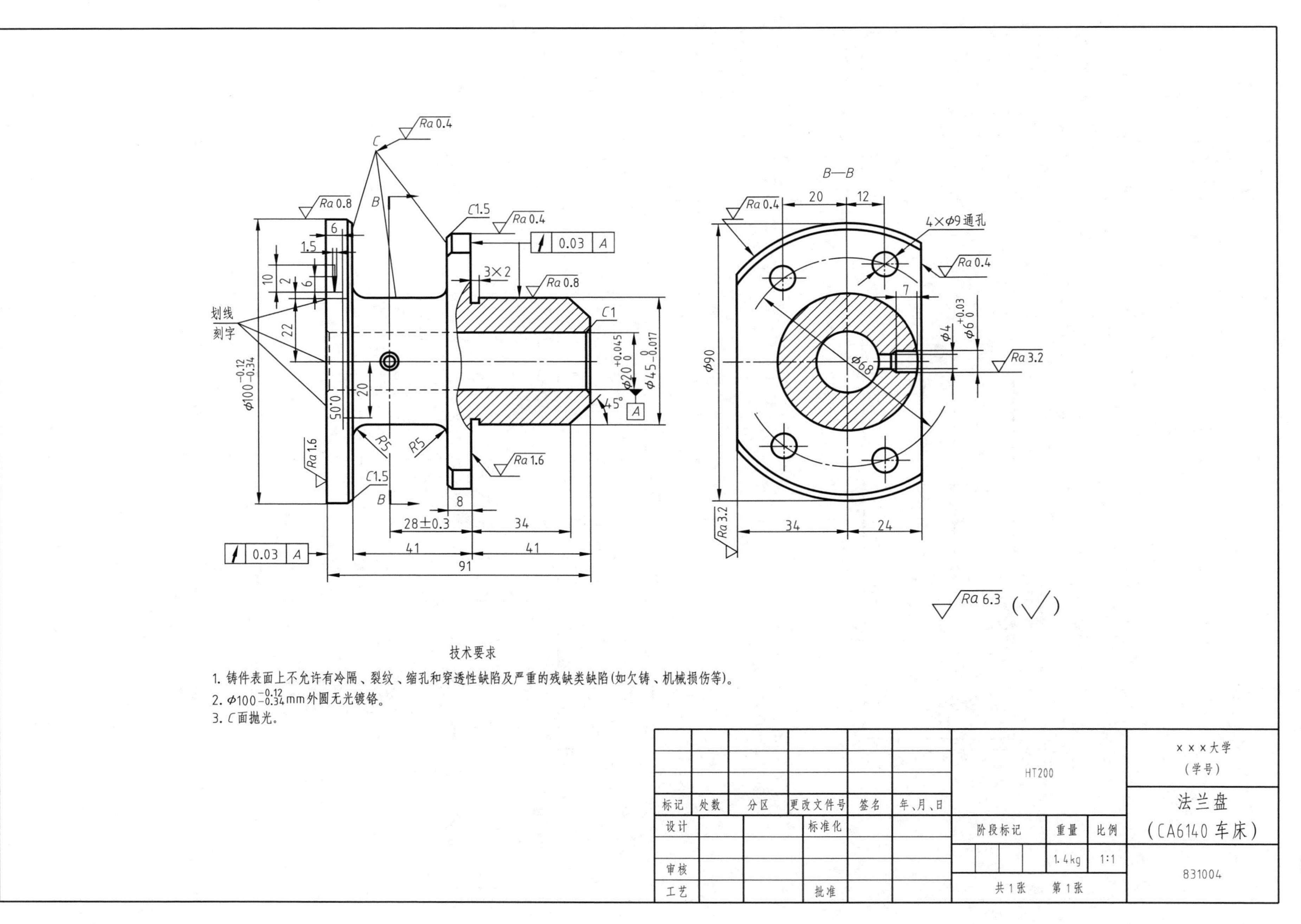
B—B
4×φ9通孔
Ra 0.4
Ra 0.8
Ra 1.6
Ra 3.2
C1.5
C1
3×2
0.03 A
R5
28±0.3
34
41
91
8
20
12
24
7
φ68
φ90
φ4
φ6 +0.03 0
φ20 +0.045 0
φ45 0 −0.017
φ100 −0.12 −0.34
45°
0.05
划线
刻字
Ra 6.3 (√)
技术要求
1. 铸件表面上不允许有冷隔、裂纹、缩孔和穿透性缺陷及严重的残缺类缺陷(如欠铸、机械损伤等)。
2. φ100−0.12−0.34mm外圆无光镀铬。
3. C面抛光。
标记
处数
分区
更改文件号
签名
年、月、日
设计
标准化
审核
工艺
批准
HT200
阶段标记
重量
比例
1.4kg
1:1
共1张
第1张
×××大学
(学号)
法兰盘
(CA6140车床)
831004

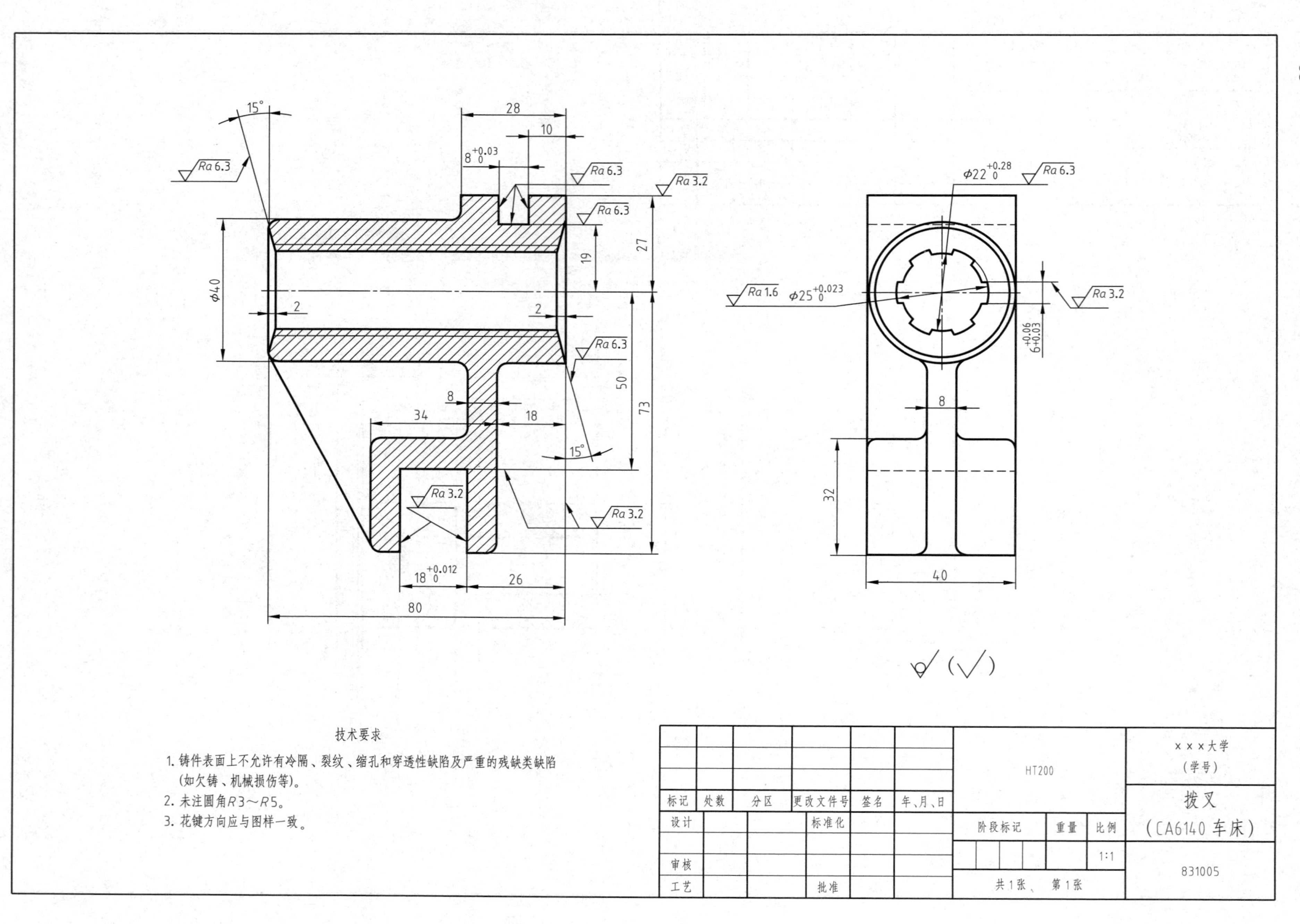
15°
Ra 6.3
28
10
$8^{+0.03}_{0}$
Ra 6.3
Ra 3.2
Ra 6.3
27
19
φ40
2
2
Ra 6.3
50
73
8
34
18
15°
Ra 3.2
Ra 3.2
$18^{+0.012}_{0}$
26
80
$\phi 22^{+0.28}_{0}$
Ra 6.3
Ra 1.6
$\phi 25^{+0.023}_{0}$
Ra 3.2
$6^{+0.06}_{+0.03}$
8
32
40
技术要求
1. 铸件表面上不允许有冷隔、裂纹、缩孔和穿透性缺陷及严重的残缺类缺陷(如欠铸、机械损伤等)。
2. 未注圆角R3～R5。
3. 花键方向应与图样一致。
标记
处数
分区
更改文件号
签名
年、月、日
设计
标准化
审核
工艺
批准
HT200
阶段标记
重量
比例
1:1
共1张、 第1张
×××大学
(学号)
拨叉
(CA6140车床)
831005

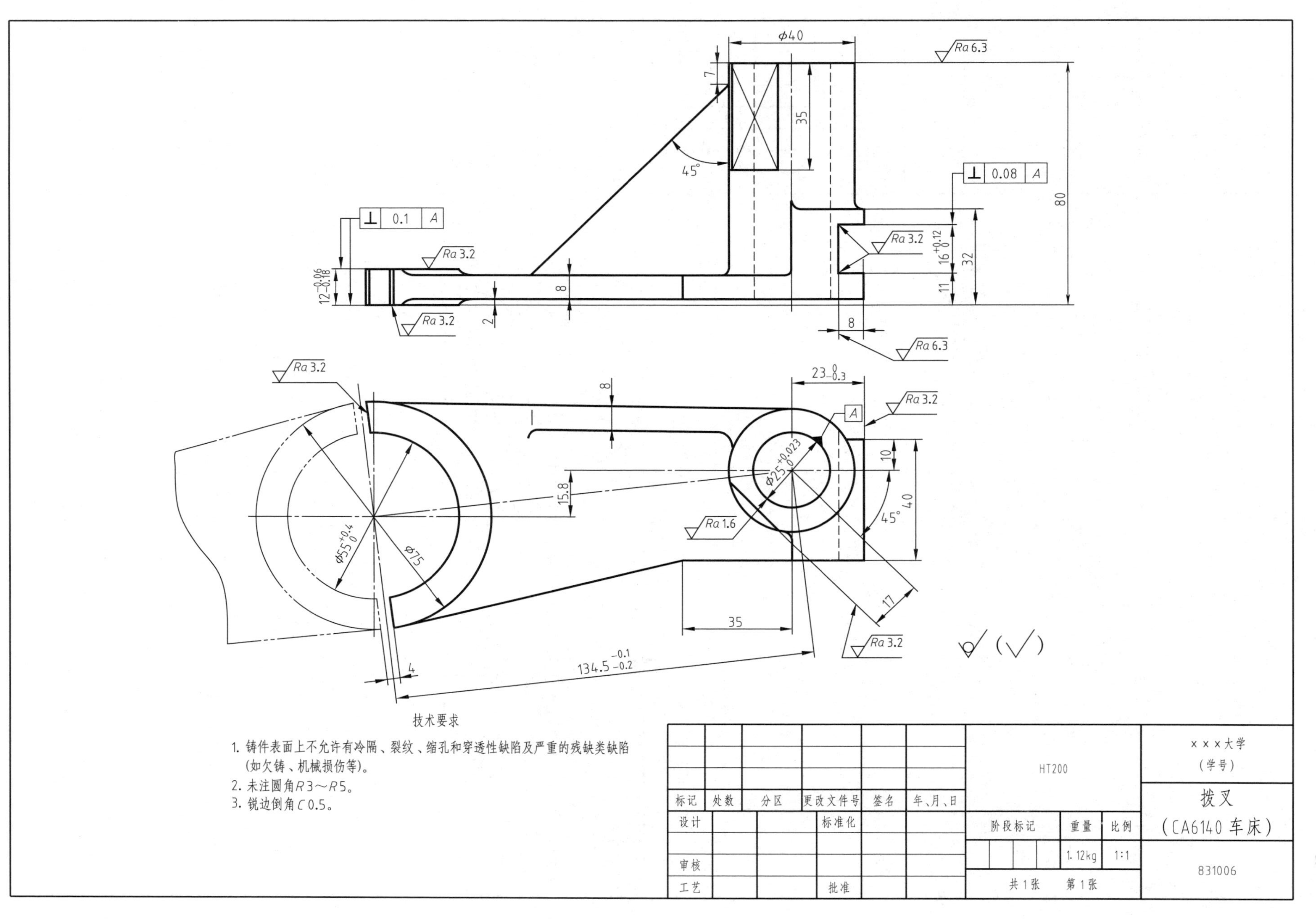
φ40
Ra 6.3
7
35
45°
⊥ 0.08 A
80
⊥ 0.1 A
Ra 3.2
16 +0.12 0
32
12 -0.06 -0.18
8
11
Ra 3.2
2
8
Ra 6.3
Ra 3.2
23 0 -0.3
Ra 3.2
8
A
10
φ25 +0.023 0
15.8
40
45°
Ra 1.6
φ55 +0.4 0
φ75
17
35
Ra 3.2
134.5 -0.1 -0.2
4
技术要求
1. 铸件表面上不允许有冷隔、裂纹、缩孔和穿透性缺陷及严重的残缺类缺陷(如欠铸、机械损伤等)。
2. 未注圆角R3～R5。
3. 锐边倒角C0.5。
标记
处数
分区
更改文件号
签名
年、月、日
设计
标准化
审核
工艺
批准
HT200
阶段标记
重量
比例
1.12kg
1:1
共1张
第1张
×××大学
(学号)
拨叉
(CA6140 车床)
831006

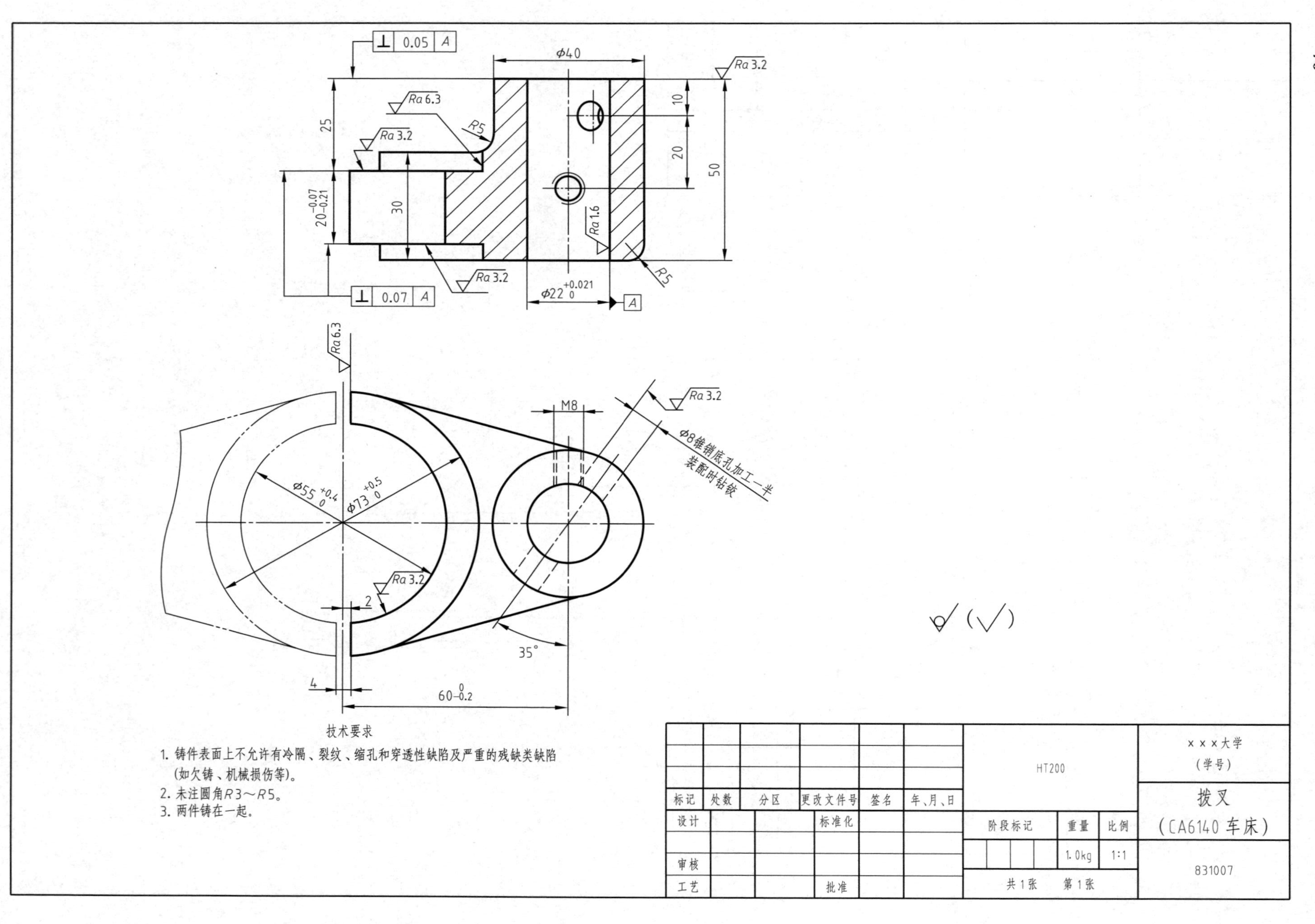
⊥ 0.05 A
Φ40
Ra 3.2
Ra 6.3
R5
25
Ra 3.2
10
20
50
30
$20^{-0.07}_{-0.21}$
Ra 1.6
Ra 3.2
R5
⊥ 0.07 A
$Φ22^{+0.021}_{0}$
A
Ra 6.3
Ra 3.2
M8
Φ8锥销底孔加工一半
装配时钻铰
$Φ55^{+0.4}_{0}$
$Φ73^{+0.5}_{0}$
Ra 3.2
2
35°
4
$60^{0}_{-0.2}$
(√)
技术要求
1. 铸件表面上不允许有冷隔、裂纹、缩孔和穿透性缺陷及严重的残缺类缺陷
(如欠铸、机械损伤等)。
2. 未注圆角R3～R5。
3. 两件铸在一起。
标记
处数
分区
更改文件号
签名
年、月、日
设计
标准化
审核
工艺
批准
HT200
阶段标记
重量
比例
1.0kg
1:1
共1张
第1张
×××大学
(学号)
拨叉
(CA6140车床)
831007

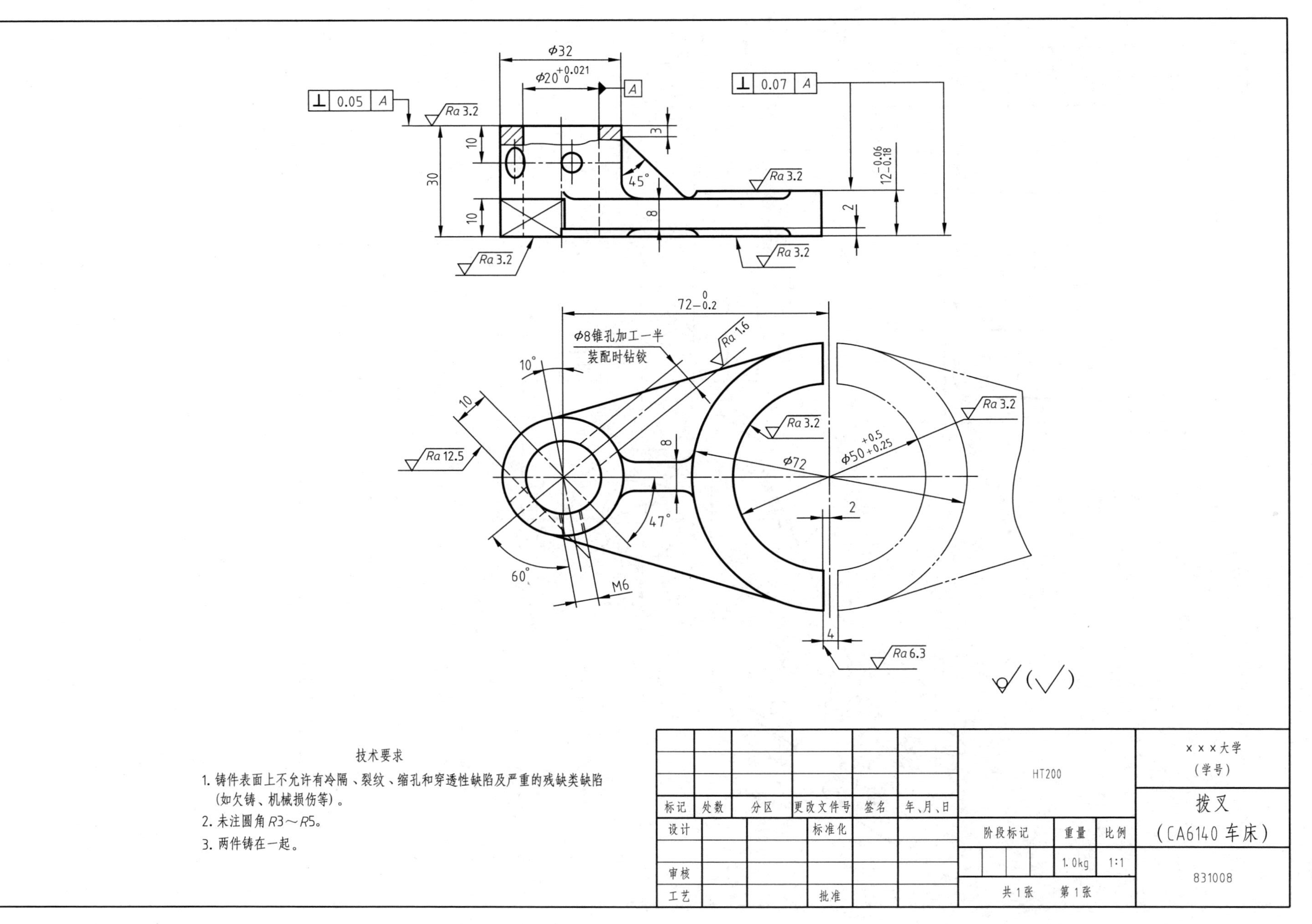

⊥ 0.05 A
Ra 3.2
φ32
φ20 +0.021 0
A
⊥ 0.07 A
3
45°
Ra 3.2
12 −0.06 −0.18
10
30
10
8
2
Ra 3.2
Ra 3.2
72 0 −0.2
φ8锥孔加工一半
装配时钻铰
Ra 1.6
10°
10
Ra 3.2
Ra 3.2
φ50 +0.5 +0.25
φ72
Ra 12.5
8
2
47°
60°
M6
4
Ra 6.3
技术要求
1. 铸件表面上不允许有冷隔、裂纹、缩孔和穿透性缺陷及严重的残缺类缺陷(如欠铸、机械损伤等)。
2. 未注圆角R3～R5。
3. 两件铸在一起。
HT200
×××大学
(学号)
拨叉
(CA6140车床)
831008
标记
处数
分区
更改文件号
签名
年、月、日
设计
标准化
审核
工艺
批准
阶段标记
重量
比例
1.0kg
1:1
共1张
第1张

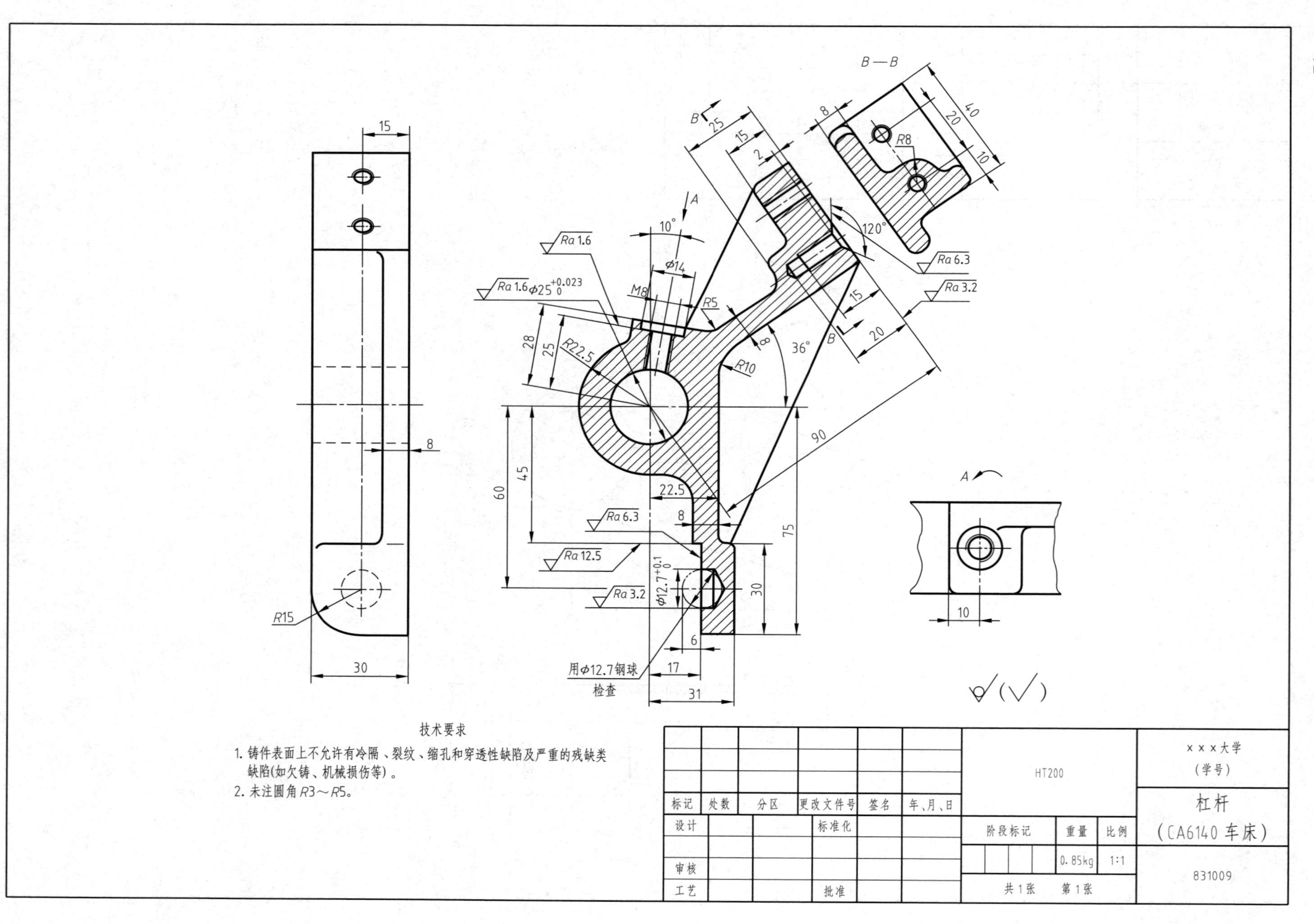

技术要求

1. 铸件表面上不允许有冷隔、裂纹、缩孔和穿透性缺陷及严重的残缺类缺陷(如欠铸、机械损伤等)。
2. 未注圆角 $R3 \sim R5$。

						HT200	×××大学 (学号)
标记	处数	分区	更改文件号	签名	年、月、日		杠杆 (CA6140 车床)
设计			标准化			阶段标记 / 重量 0.85kg / 比例 1:1	
审核							831009
工艺			批准			共1张 第1张	

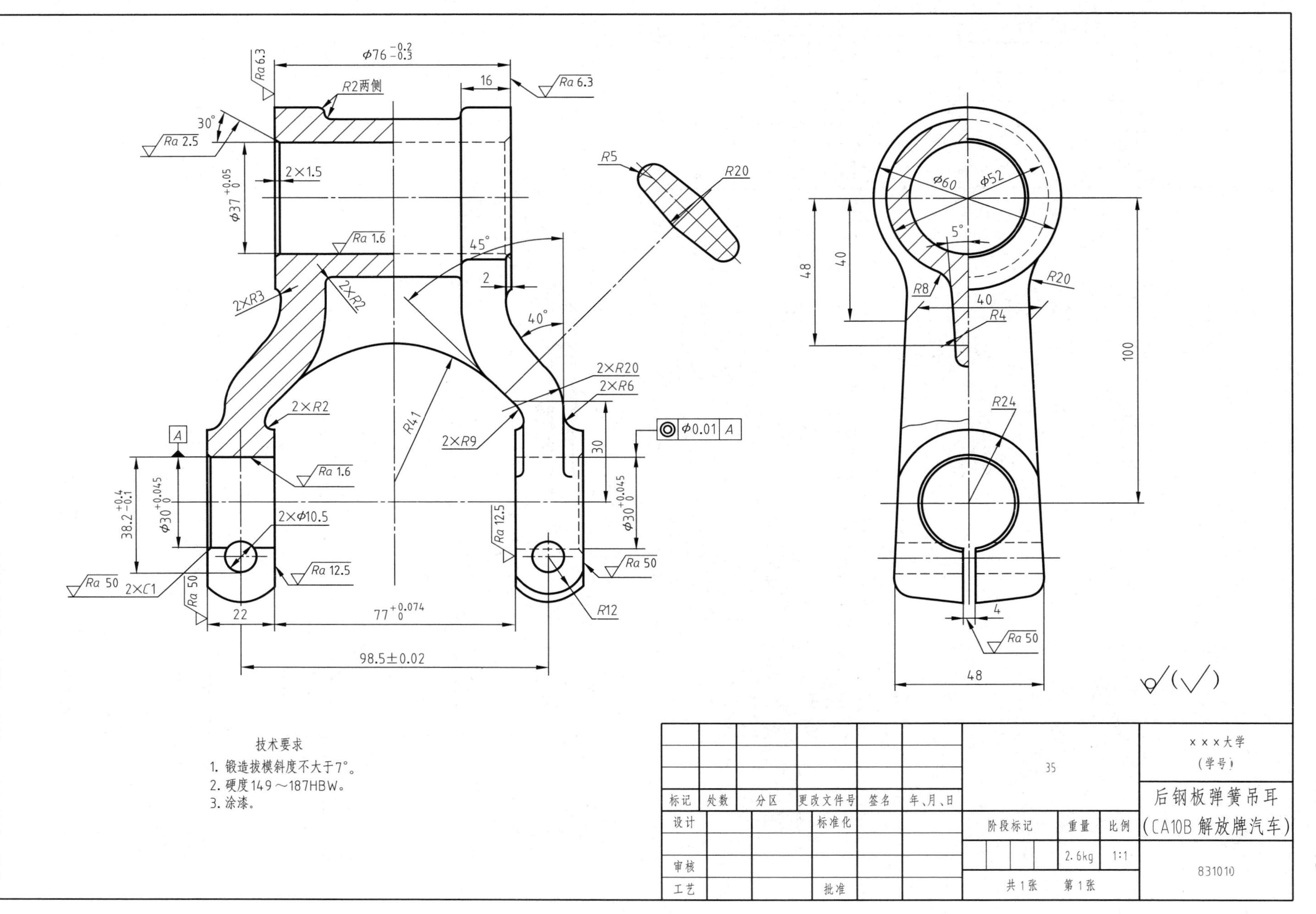

技术要求
1. 锻造拔模斜度不大于7°。
2. 硬度149～187HBW。
3. 涂漆。
×××大学
（学号）
后钢板弹簧吊耳
（CA10B解放牌汽车）
831010
35
阶段标记
重量
比例
2.6kg
1:1
共1张
第1张
标记
处数
分区
更改文件号
签名
年、月、日
设计
标准化
审核
工艺
批准

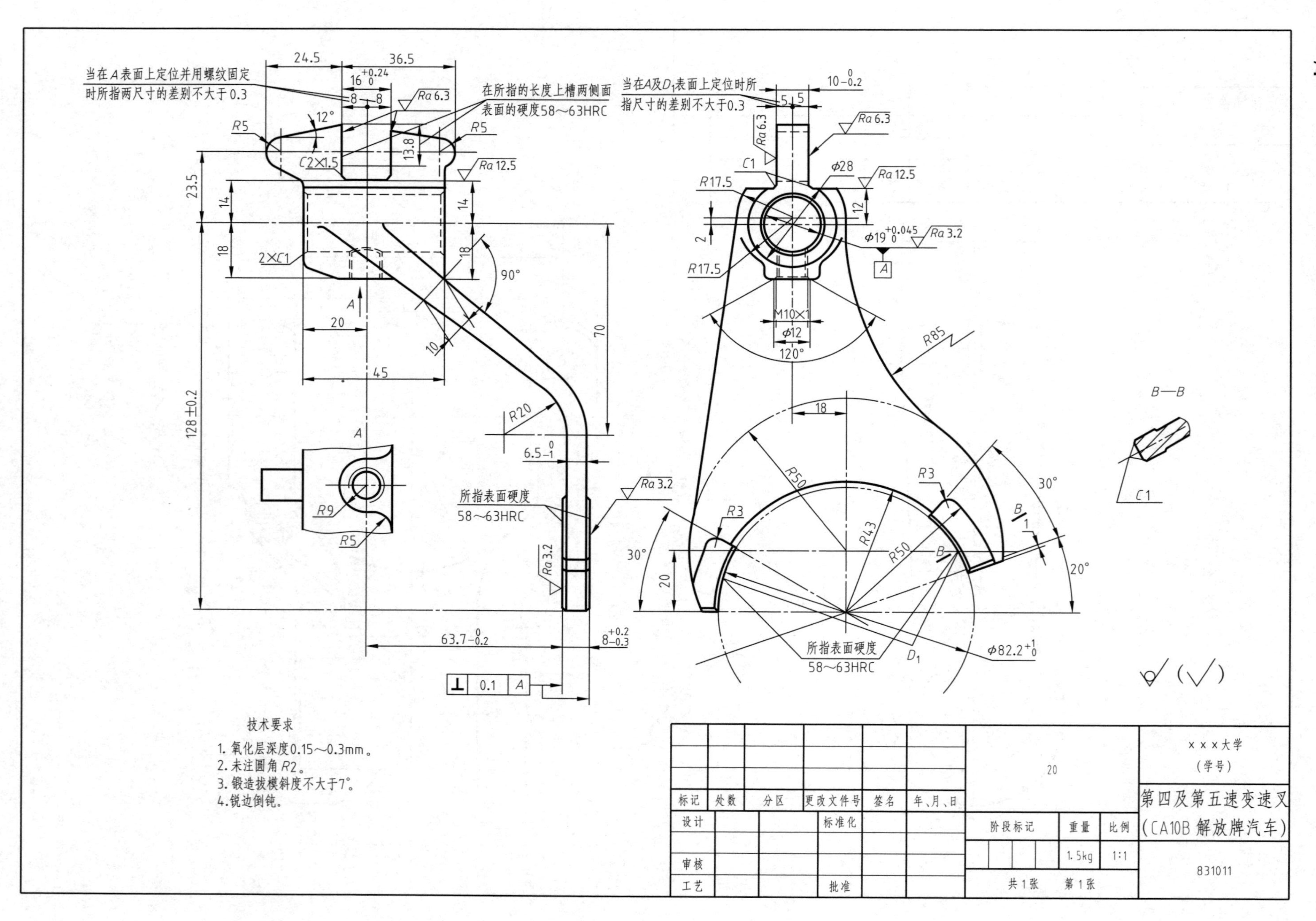
当在A表面上定位并用螺纹固定
时所指两尺寸的差别不大于0.3
在所指的长度上槽两侧面
表面的硬度58～63HRC
当在A及D1表面上定位时所
指尺寸的差别不大于0.3
所指表面硬度
58～63HRC
所指表面硬度
58～63HRC
B—B
技术要求
1. 氧化层深度0.15～0.3mm。
2. 未注圆角R2。
3. 锻造拔模斜度不大于7°。
4. 锐边倒钝。
标记
处数
分区
更改文件号
签名
年、月、日
设计
标准化
审核
工艺
批准
20
阶段标记
重量
比例
1.5kg
1:1
共1张
第1张
×××大学
(学号)
第四及第五速变速叉
(CA10B解放牌汽车)
831011

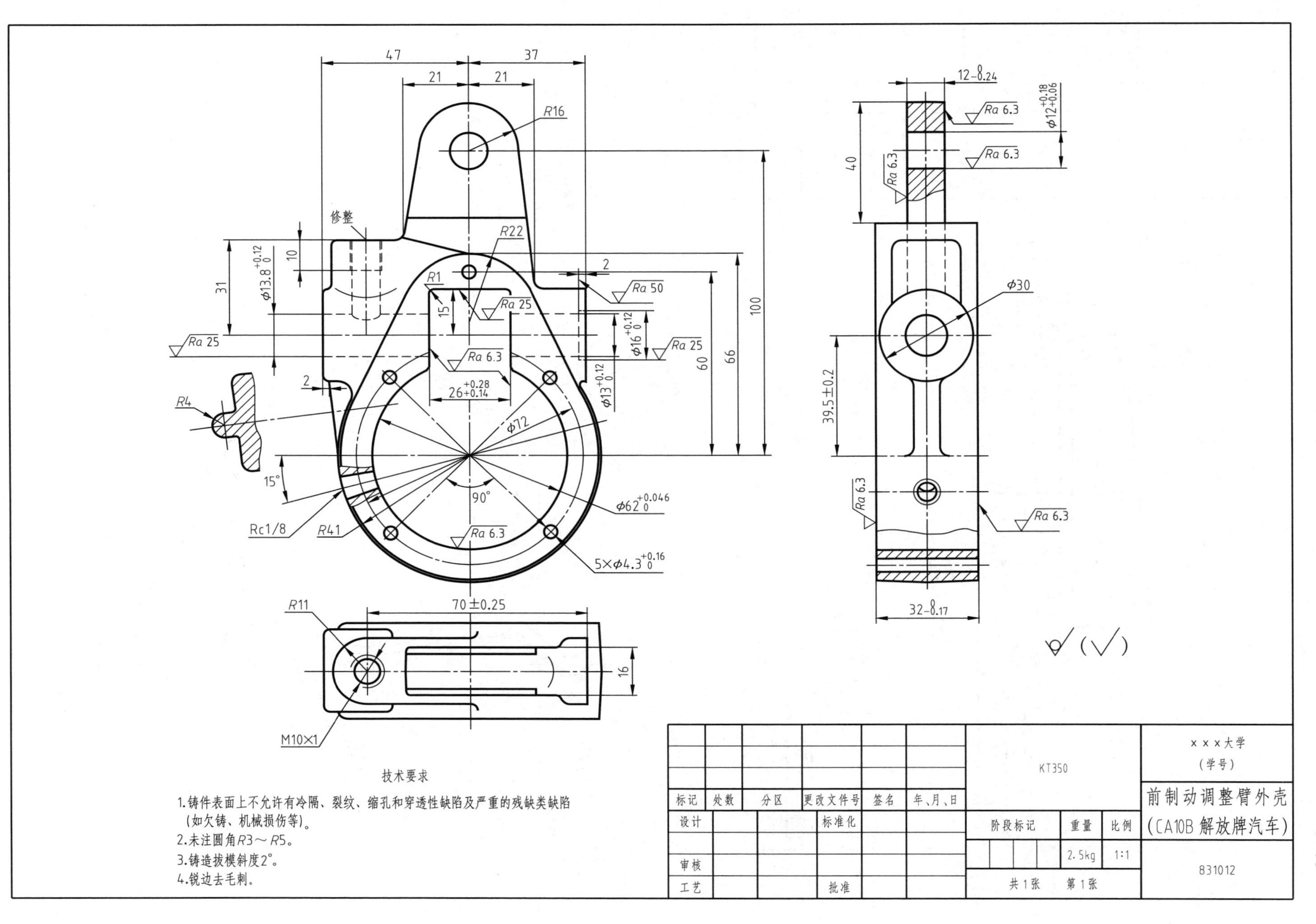
47
37
21
21
R16
修整
R22
R1
2
Ra 50
Ra 25
Ra 25
Ra 25
Ra 6.3
Ra 6.3
31
10
φ13.8 +0.12 0
15
φ16 +0.12 0
φ13 +0.12 0
26 +0.28 +0.14
60
66
100
R4
φ72
15°
90°
φ62 +0.046 0
Rc1/8
R41
5×φ4.3 +0.16 0
R11
70±0.25
16
M10×1
12-0 -0.24
φ12 +0.18 +0.06
40
Ra 6.3
φ30
39.5±0.2
32-0 -0.17
技术要求
1.铸件表面上不允许有冷隔、裂纹、缩孔和穿透性缺陷及严重的残缺类缺陷
（如欠铸、机械损伤等）。
2.未注圆角R3～R5。
3.铸造拔模斜度2°。
4.锐边去毛刺。
KT350
×××大学
（学号）
前制动调整臂外壳
（CA10B解放牌汽车）
831012
标记
处数
分区
更改文件号
签名
年、月、日
设计
标准化
阶段标记
重量
比例
2.5kg
1:1
审核
工艺
批准
共1张
第1张

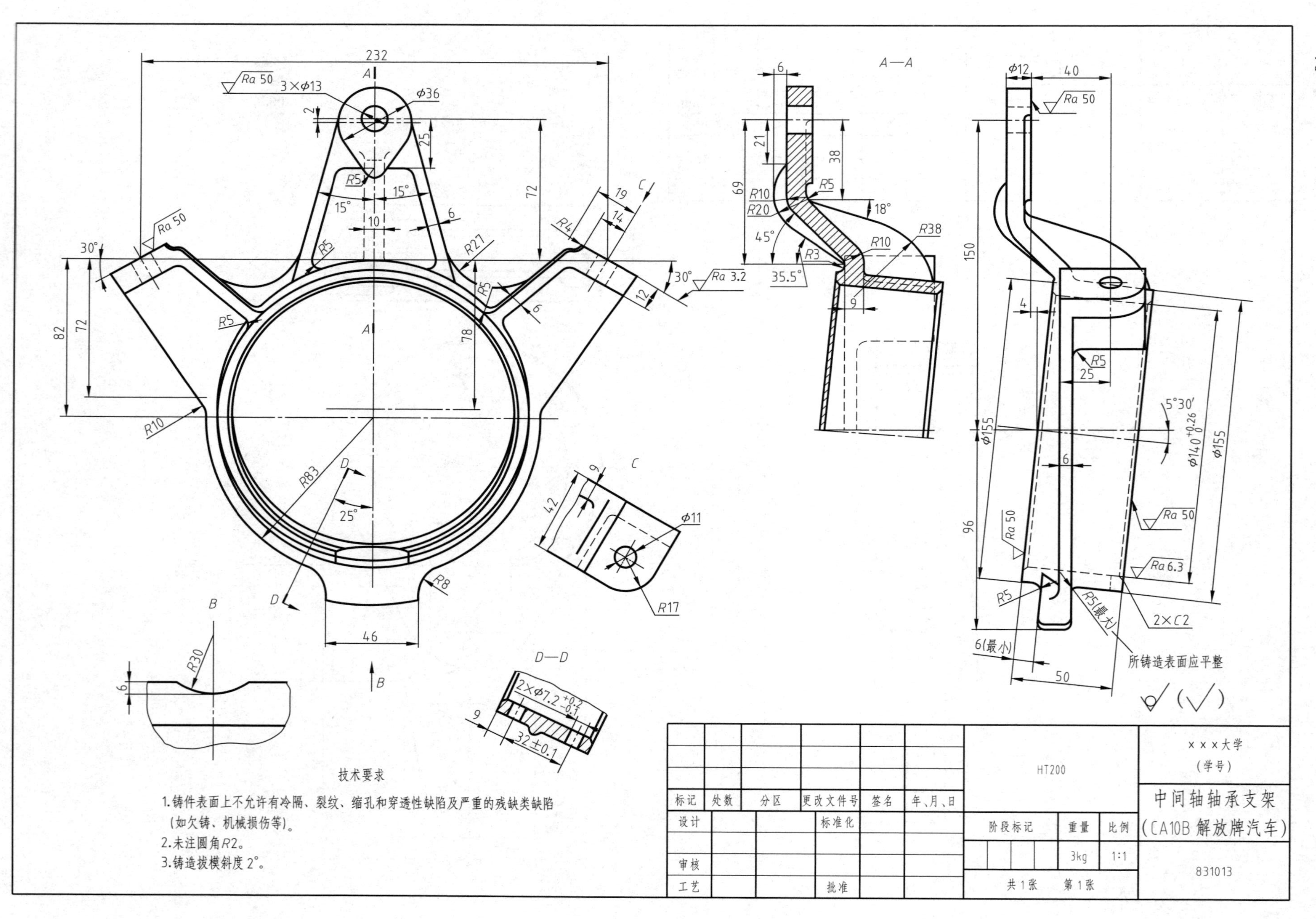
A—A
C
D—D
B
技术要求
1.铸件表面上不允许有冷隔、裂纹、缩孔和穿透性缺陷及严重的残缺类缺陷（如欠铸、机械损伤等）。
2.未注圆角R2。
3.铸造拔模斜度2°。
所铸造表面应平整
标记 处数 分区 更改文件号 签名 年、月、日
设计 标准化
审核
工艺 批准
HT200
阶段标记 重量 比例
3kg 1:1
共1张 第1张
×××大学
（学号）
中间轴轴承支架
（CA10B 解放牌汽车）
831013

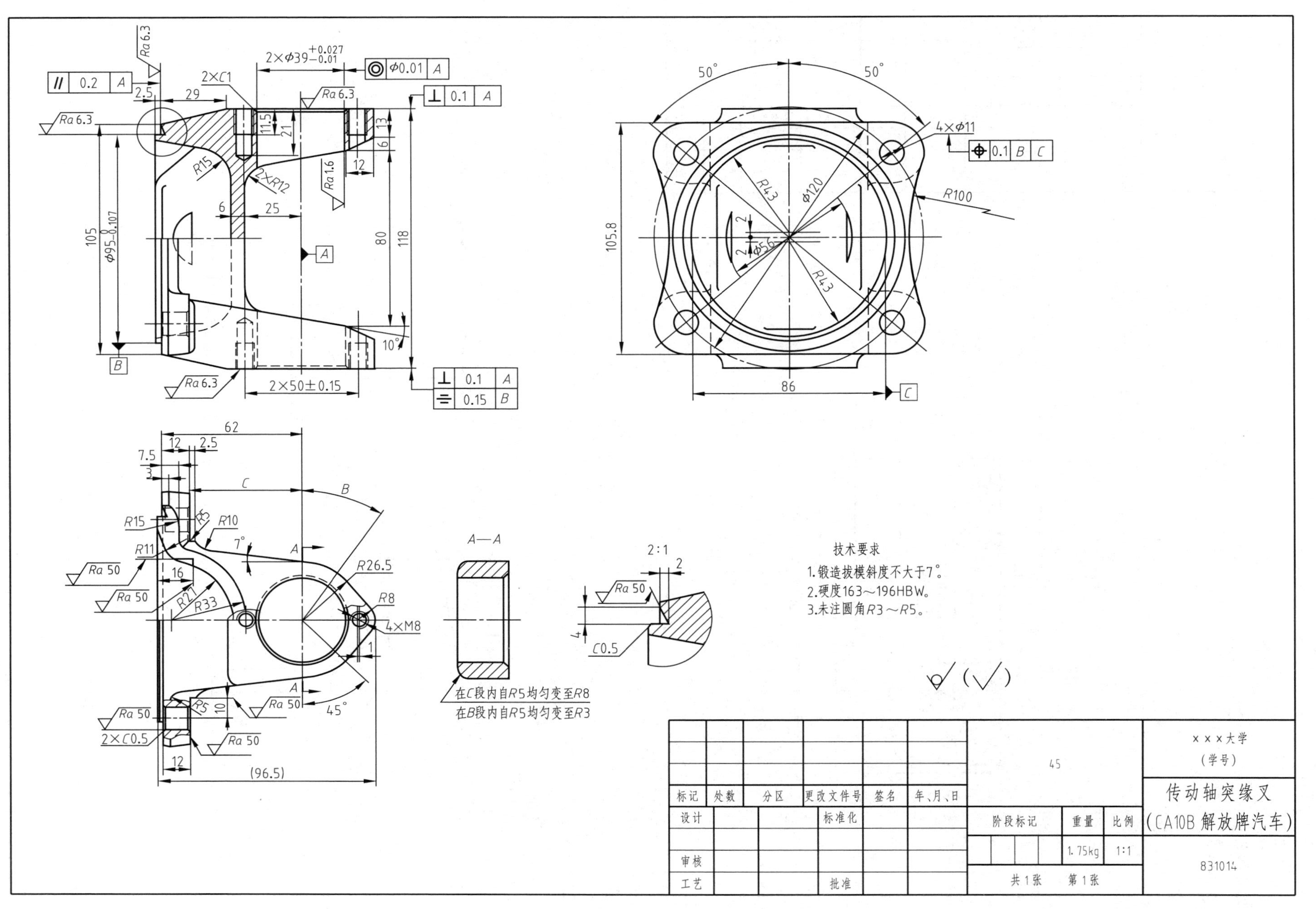

技术要求
1.锻造拔模斜度不大于7°。
2.硬度163～196HBW。
3.未注圆角R3～R5。
A—A
在C段内自R5均匀变至R8
在B段内自R5均匀变至R3
2:1
×××大学
(学号)
传动轴突缘叉
(CA10B解放牌汽车)
831014
45
标记
处数
分区
更改文件号
签名
年、月、日
设计
标准化
审核
工艺
批准
阶段标记
重量
比例
1.75kg
1:1
共1张
第1张

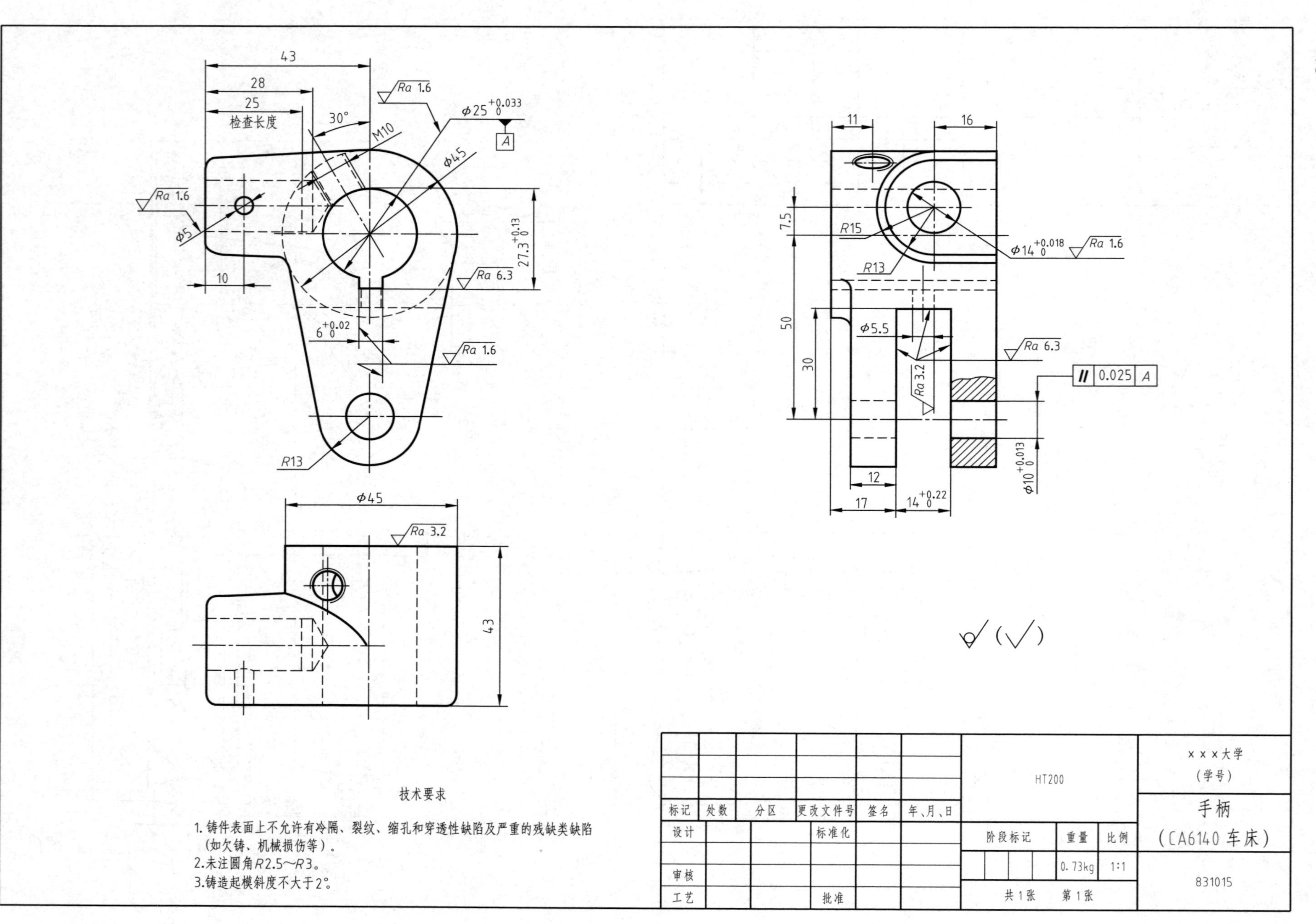
43
28
25
检查长度
30°
M10
φ25 +0.033 0
A
φ45
Ra 1.6
φ5
27.3 +0.13 0
10
Ra 6.3
6 +0.02 0
R13
φ45
Ra 3.2
43
11
16
7.5
R15
R13
φ14 +0.018 0
50
30
φ5.5
Ra 3.2
0.025 A
φ10 +0.013 0
12
17
14 +0.22 0
技术要求
1.铸件表面上不允许有冷隔、裂纹、缩孔和穿透性缺陷及严重的残缺类缺陷（如欠铸、机械损伤等）。
2.未注圆角R2.5~R3。
3.铸造起模斜度不大于2°。
HT200
×××大学
（学号）
手柄
（CA6140车床）
831015
标记
处数
分区
更改文件号
签名
年、月、日
设计
标准化
审核
工艺
批准
阶段标记
重量
比例
0.73kg
1:1
共1张
第1张

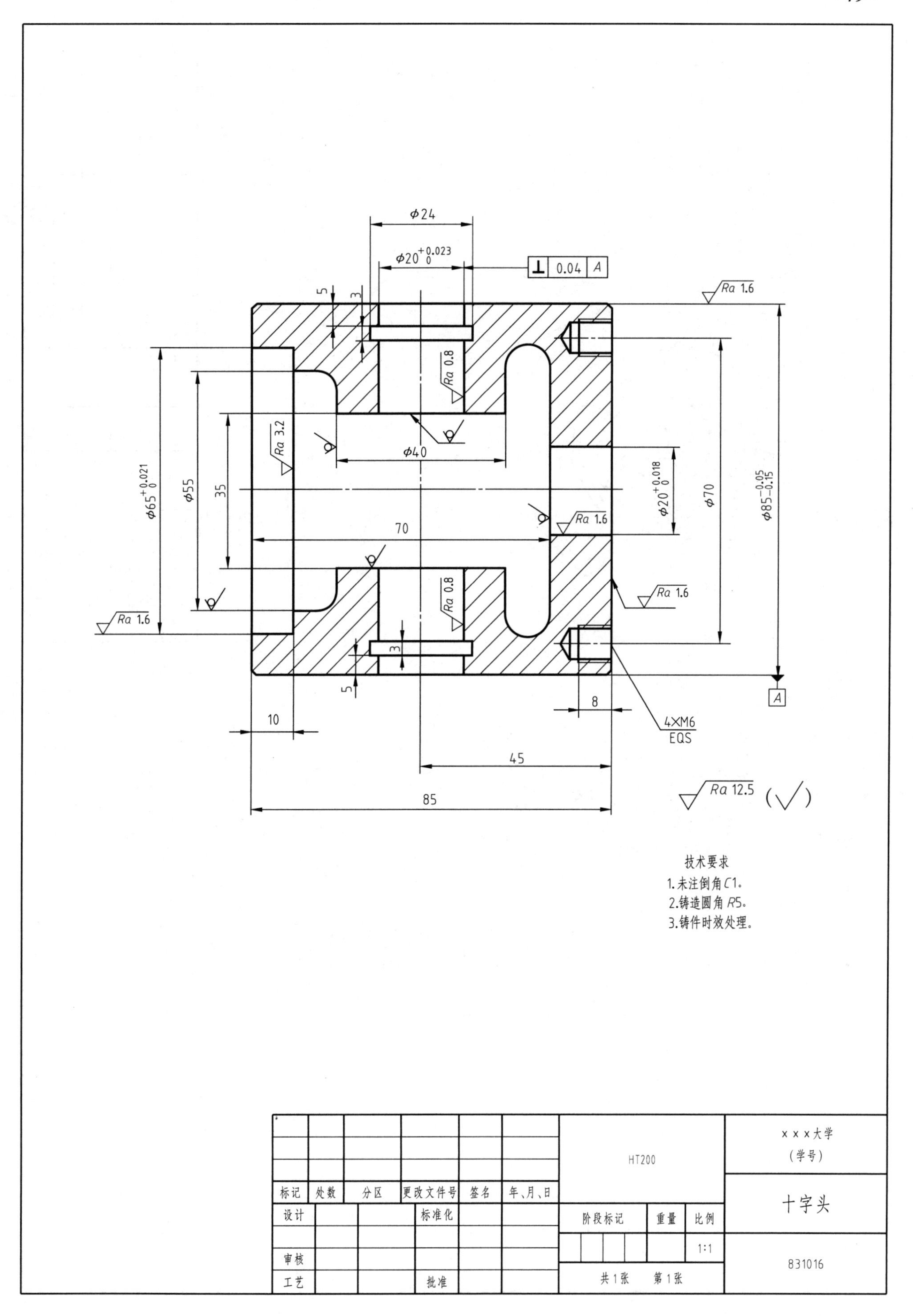

φ24
φ20 +0.023 0
⊥ 0.04 A
Ra 1.6
Ra 0.8
Ra 3.2
φ40
φ65 +0.021 0
φ55
35
70
φ20 +0.018 0
φ70
φ85 −0.05 −0.15
Ra 1.6
Ra 1.6
Ra 1.6
A
8
4×M6
EQS
10
45
85
5
3
Ra 12.5 (√)
技术要求
1.未注倒角C1。
2.铸造圆角R5。
3.铸件时效处理。
HT200
x x x大学
(学号)
十字头
831016
标记
处数
分区
更改文件号
签名
年、月、日
设计
标准化
阶段标记
重量
比例
1:1
审核
工艺
批准
共1张
第1张

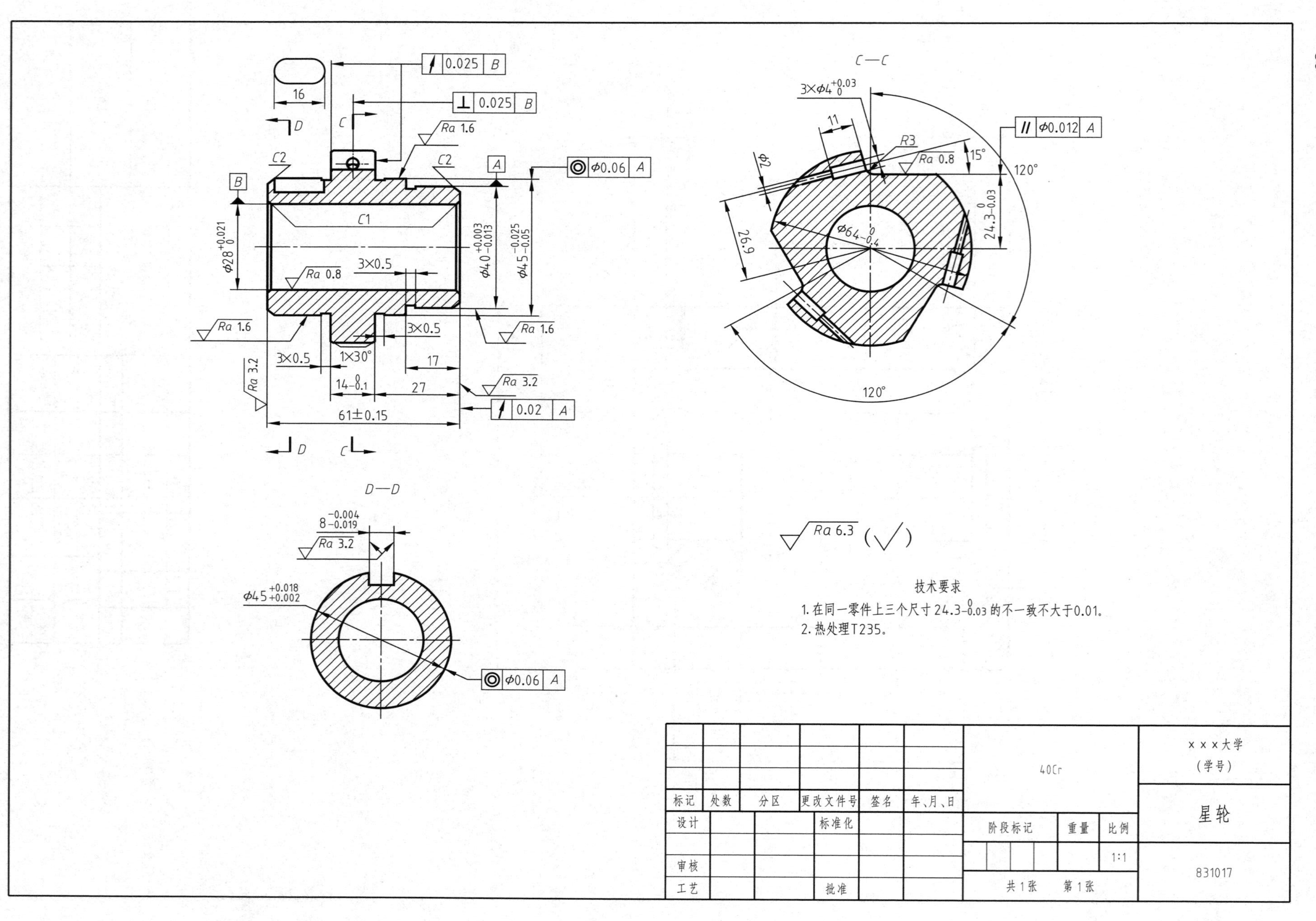
C—C
D—D
Ra 6.3 (√)
技术要求
1. 在同一零件上三个尺寸24.3-0.03的不一致不大于0.01。
2. 热处理T235。
40Cr
×××大学
（学号）
星轮
831017
标记
处数
分区
更改文件号
签名
年、月、日
设计
标准化
阶段标记
重量
比例
1:1
审核
工艺
批准
共1张
第1张

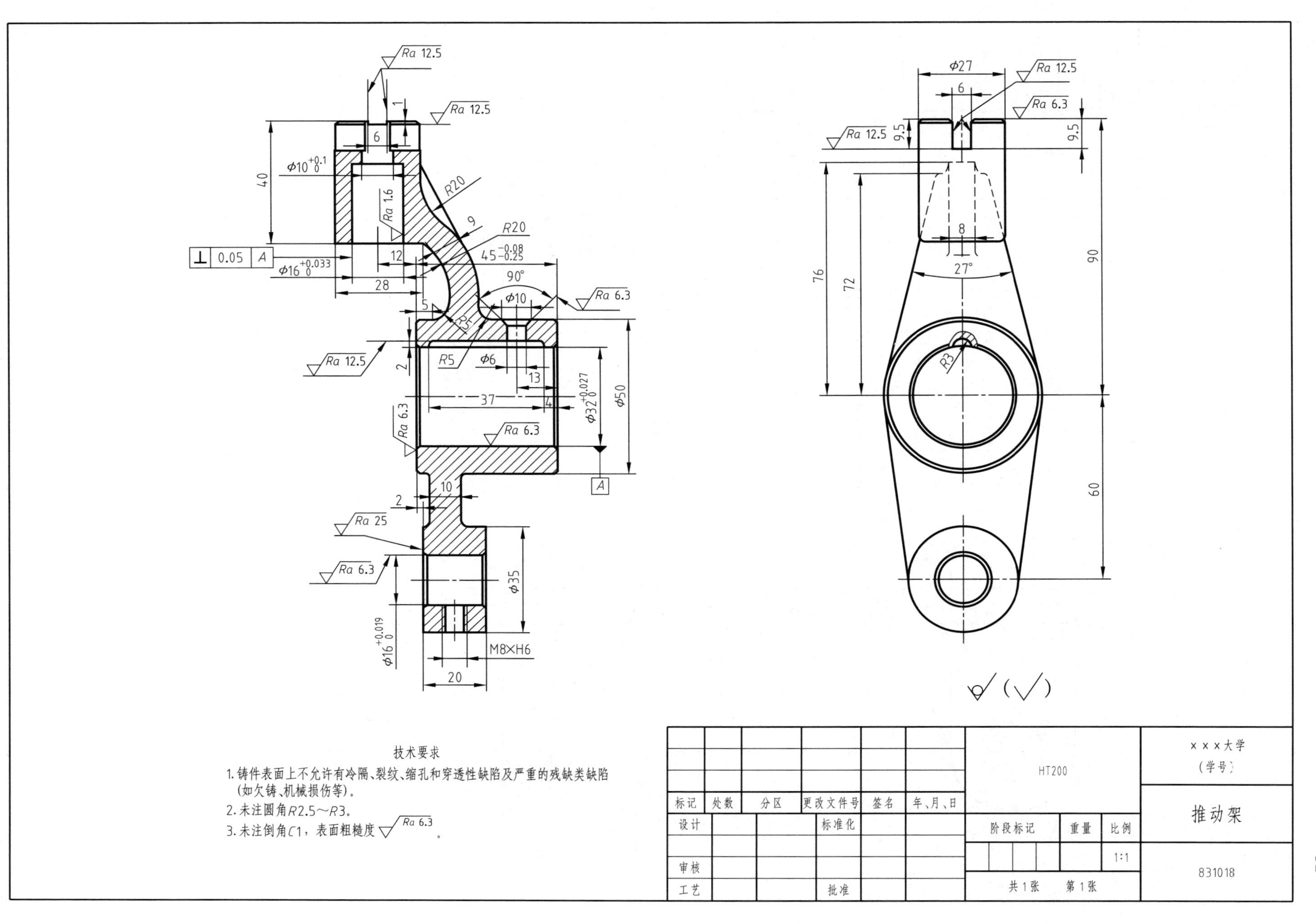
技术要求
1. 铸件表面上不允许有冷隔、裂纹、缩孔和穿透性缺陷及严重的残缺类缺陷
(如欠铸、机械损伤等)。
2. 未注圆角R2.5～R3。
3. 未注倒角C1，表面粗糙度 Ra 6.3 。
HT200
×××大学
(学号)
推动架
831018
标记
处数
分区
更改文件号
签名
年、月、日
设计
标准化
阶段标记
重量
比例
1:1
审核
工艺
批准
共1张
第1张

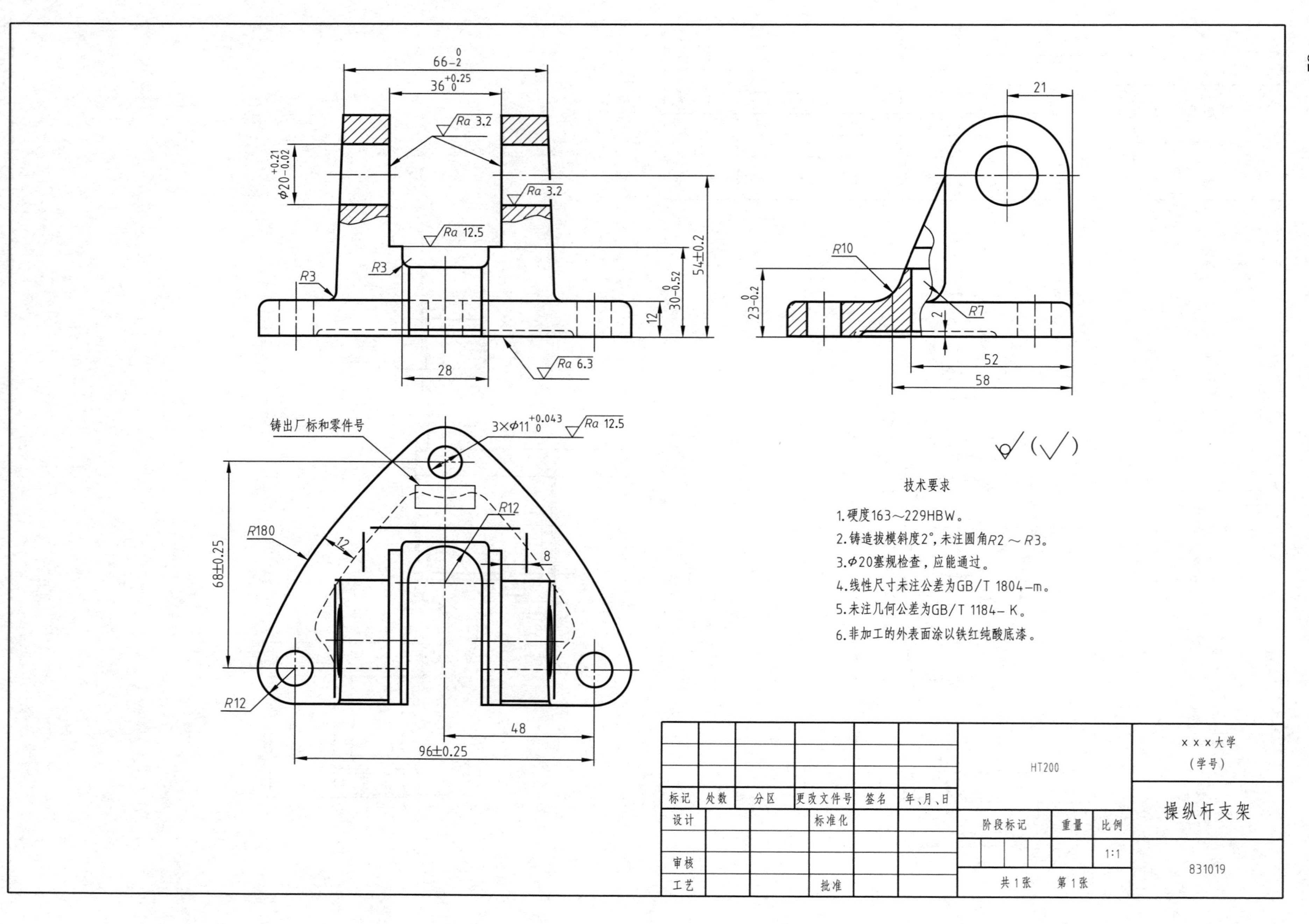
66-2
36+0.25
Ra 3.2
Ra 3.2
Ra 12.5
Ra 6.3
φ20+0.21-0.02
R3
R3
12
30-0.52
54±0.2
28
21
R10
R7
23-0.2
2
52
58
铸出厂标和零件号
3×φ11+0.043
Ra 12.5
R12
R180
12
8
68±0.25
R12
48
96±0.25
技术要求
1.硬度163～229HBW。
2.铸造拔模斜度2°，未注圆角R2～R3。
3.φ20塞规检查，应能通过。
4.线性尺寸未注公差为GB/T 1804-m。
5.未注几何公差为GB/T 1184-K。
6.非加工的外表面涂以铁红纯酸底漆。
标记
处数
分区
更改文件号
签名
年、月、日
设计
标准化
审核
工艺
批准
HT200
阶段标记
重量
比例
1:1
共1张
第1张
×××大学
(学号)
操纵杆支架
831019

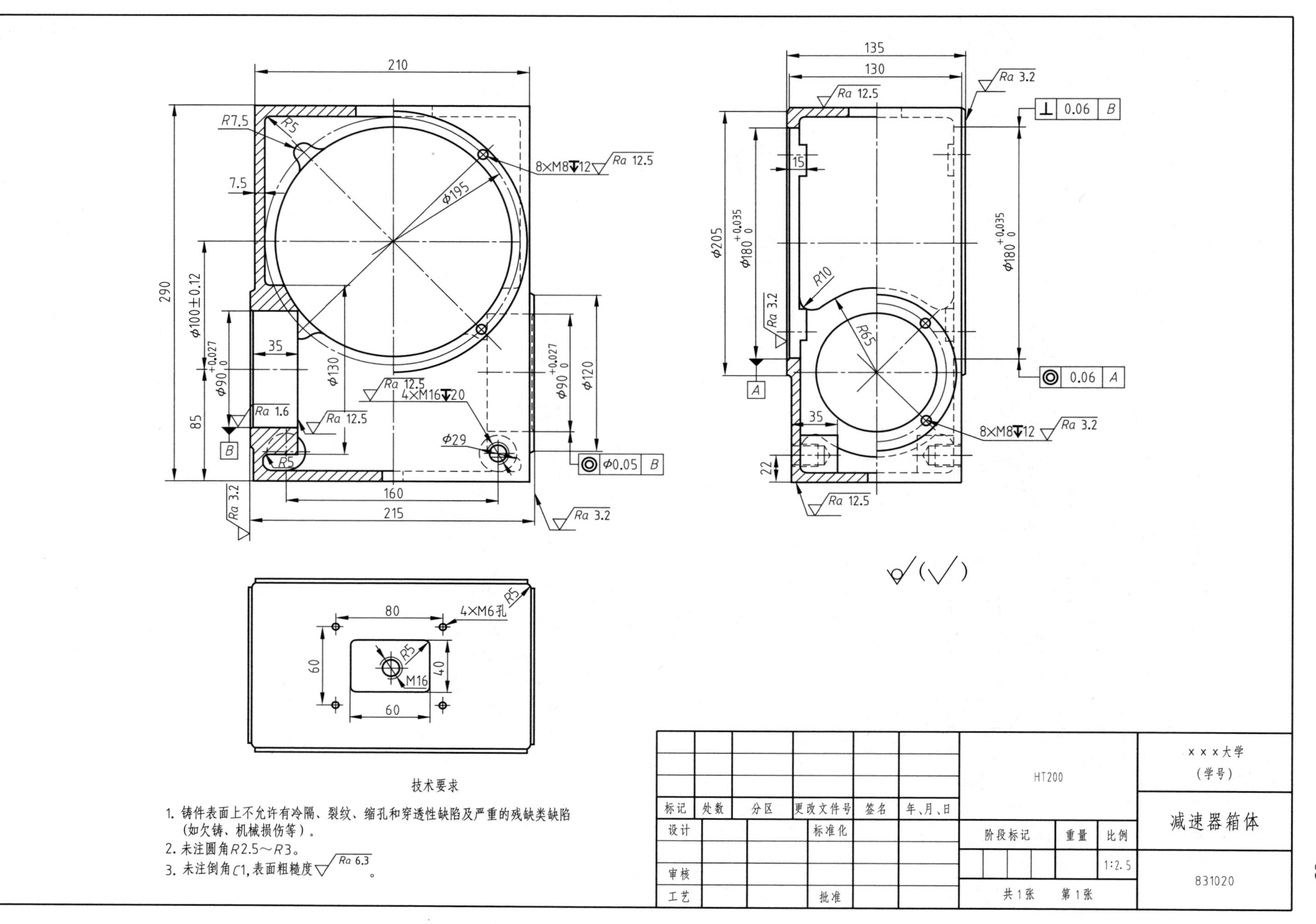

×××大学
（学号）
减速器箱体
831020
HT200
标记 处数 分区 更改文件号 签名 年、月、日
设计 标准化
阶段标记 重量 比例
1:2.5
审核
工艺 批准
共1张 第1张
技术要求
1. 铸件表面上不允许有冷隔、裂纹、缩孔和穿透性缺陷及严重的残缺类缺陷（如欠铸、机械损伤等）。
2. 未注圆角R2.5～R3。
3. 未注倒角C1,表面粗糙度 Ra 6.3 。

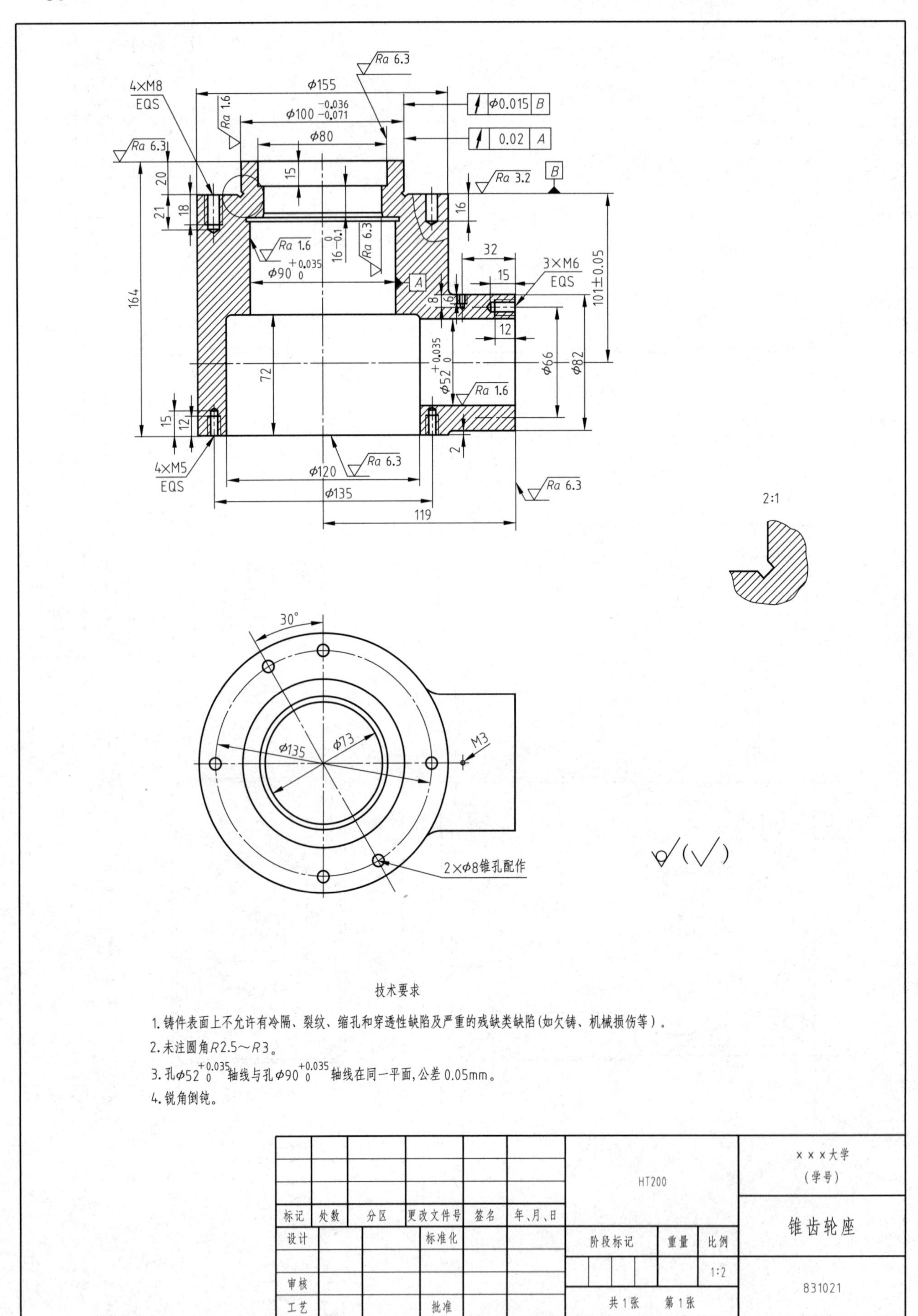
4×M8
EQS
Ra 6.3
Ra 1.6
Ra 3.2
Ra 6.3
Ra 6.3
Ra 1.6
Ra 1.6
Ra 6.3
Ra 6.3
Ra 6.3
⌀155
⌀100 −0.036 −0.071
⌀80
⌀0.015 B
0.02 A
B
A
20
15
21
18
16
16 0 −0.1
⌀90 +0.035 0
32
15
3×M6
EQS
101±0.05
8
6
12
164
72
⌀52 +0.035 0
⌀66
⌀82
15
12
2
4×M5
EQS
⌀120
⌀135
119
2:1
30°
⌀135
⌀73
M3
2×⌀8锥孔配作
(√)
技术要求
1. 铸件表面上不允许有冷隔、裂纹、缩孔和穿透性缺陷及严重的残缺类缺陷(如欠铸、机械损伤等)。
2. 未注圆角R2.5～R3。
3. 孔⌀52 +0.035 0 轴线与孔⌀90 +0.035 0 轴线在同一平面,公差 0.05mm。
4. 锐角倒钝。
标记
处数
分区
更改文件号
签名
年、月、日
设计
标准化
审核
工艺
批准
HT200
阶段标记
重量
比例
1:2
共1张
第1张
×××大学
(学号)
锥齿轮座
831021

参 考 文 献

[1] 哈尔滨工业大学，上海工业大学．机床夹具设计［M］.上海：上海科学技术出版社，1983.

[2] 东北重型机械学院，洛阳工学院，第一汽车制造厂职工大学．机床夹具设计手册［M］．上海：上海科学技术出版社，1990.

[3] 李旦．机械加工工艺手册：第1卷：工艺基础卷［M］.北京：机械工业出版社，2007.

[4] 李益民．机械制造工艺设计简明手册［M］.2版．北京：机械工业出版社，2013.

[5] 艾兴，肖诗刚．切削用量简明手册［M］.北京：机械工业出版社，1994.